"十四五"职业教育国家规划教材

"十三五"职业教育国家规划教材
计算机专业职业教育实训系列教材

信息网络布线技能训练实战（工作页）

主　编　陈静君　朱东方
参　编　刘志勇　蔡高弟

机械工业出版社

本书是"十四五"职业教育国家规划教材。

本工作页紧紧围绕《计算机网络应用专业国家技能人才培养标准》和《计算机网络技术一体化课程规范》中的计算机网络综合布线实施目标编写,从综合布线工程实施的角度出发,融入世界技能大赛信息网络布线项目的技术标准,创新性地开发出了培养能够胜任综合布线实施工作岗位的高素质人才的方法。

本工作页由浅入深共设置4个工作任务,即办公室网络综合布线实施、同楼层新增网络布线实施、跨楼层网络布线实施、建筑群网络综合布线实施。工作页中的工作任务全部来源于企业的真实案例,融汇了综合布线工程实施的各个方面。

本书可作为职业院校计算机网络技术、工业互联网技术和物联网应用技术专业的教材,也可以作为网络综合布线技术人员的入门教程。

本工作页为《信息网络布线技能训练实战》(ISBN 978-7-111-59019-4)的配套实训教材,可用于实训课程中。

图书在版编目(CIP)数据

信息网络布线技能训练实战:工作页 / 陈静君,朱东方主编.
—北京:机械工业出版社,2017.11(2025.2重印)
计算机专业职业教育实训系列教材
ISBN 978-7-111-58654-8

Ⅰ.①信… Ⅱ.①陈… ②朱… Ⅲ.①信息网络—布线—职业教育—教材
Ⅳ.①TP393

中国版本图书馆CIP数据核字(2017)第300407号

机械工业出版社(北京市百万庄大街22号　邮政编码100037)
策划编辑:梁　伟　　　　　责任编辑:李绍坤　张珂玲
责任校对:马立婷　　　　　封面设计:鞠　杨
责任印制:张　博

北京建宏印刷有限公司印刷

2025年2月第1版第14次印刷
184mm×260mm・4.75印张・106千字
标准书号:ISBN 978-7-111-58654-8
定价:19.00元

电话服务　　　　　　　　　网络服务
客服电话:010-88361066　　机　工　官　网:www.cmpbook.com
　　　　　010-88379833　　机　工　官　博:weibo.com/cmp1952
　　　　　010-68326294　　金　书　网:www.golden-book.com
封底无防伪标均为盗版　　　机工教育服务网:www.cmpedu.com

关于"十四五"职业教育
国家规划教材的出版说明

为贯彻落实《中共中央关于认真学习宣传贯彻党的二十大精神的决定》《习近平新时代中国特色社会主义思想进课程教材指南》《职业院校教材管理办法》等文件精神，机械工业出版社与教材编写团队一道，认真执行思政内容进教材、进课堂、进头脑要求，尊重教育规律，遵循学科特点，对教材内容进行了更新，着力落实以下要求：

1. 提升教材铸魂育人功能，培育、践行社会主义核心价值观，教育引导学生树立共产主义远大理想和中国特色社会主义共同理想，坚定"四个自信"，厚植爱国主义情怀，把爱国情、强国志、报国行自觉融入建设社会主义现代化强国、实现中华民族伟大复兴的奋斗之中。同时，弘扬中华优秀传统文化，深入开展宪法法治教育。

2. 注重科学思维方法训练和科学伦理教育，培养学生探索未知、追求真理、勇攀科学高峰的责任感和使命感；强化学生工程伦理教育，培养学生精益求精的大国工匠精神，激发学生科技报国的家国情怀和使命担当。加快构建中国特色哲学社会科学学科体系、学术体系、话语体系。帮助学生了解相关专业和行业领域的国家战略、法律法规和相关政策，引导学生深入社会实践、关注现实问题，培育学生经世济民、诚信服务、德法兼修的职业素养。

3. 教育引导学生深刻理解并自觉实践各行业的职业精神、职业规范，增强职业责任感，培养遵纪守法、爱岗敬业、无私奉献、诚实守信、公道办事、开拓创新的职业品格和行为习惯。

在此基础上，及时更新教材知识内容，体现产业发展的新技术、新工艺、新规范、新标准。加强教材数字化建设，丰富配套资源，形成可听、可视、可练、可互动的融媒体教材。

教材建设需要各方的共同努力，也欢迎相关教材使用院校的师生及时反馈意见和建议，我们将认真组织力量进行研究，在后续重印及再版时吸纳改进，不断推动高质量教材出版。

机械工业出版社

前 言

本工作页从综合布线工程实施的角度出发，以《综合布线系统工程设计规范》和《国际综合布线标准》等为主线，并融入世界技能大赛信息网络布线项目的技术标准，创新性地开发出了培养能够胜任综合布线实施工作岗位高素质人才的方法。本工作页可与配套的信息页、微课视频、"实训墙"训练等四位一体的教学资源包配合，作为教学工作页使用。整个教学资源包按照工作任务设定场景并分成了理论、实操、测试、扩展等部分，构成立体式的学习方式，使学习不再枯燥。

本工作页中学习任务的设置由简单到复杂，任务量由少到多。通过完成本工作页安排的实训内容，使学生能熟练运用工具完成铜缆端接、PVC线槽加工与敷设、光缆的冷接热熔、室内外光纤端接与敷设等工作，并能掌握线缆测试分析仪的使用。同时本工作页还融入了双创和思政元素，培养学生的工匠精神、服务意识、标准意识和归纳总结能力。

通过一系列实战性工作任务，使学习者能遵守职业道德，具备环保意识和成本意识，养成爱护设备设施、文明施工等良好职业习惯，同时具备自主学习、团队合作、沟通协调、独立分析与解决问题、组织管理和持续改进等职业能力，达到计算机网络综合布线实施高技能人才培养目标。

本工作页由陈静君和朱东方任主编，刘志勇和蔡高弟参加编写。

由于编者水平所限，本工作页中难免存在疏漏和错误之处，恳请广大读者批评指正。

编 者

目　　录

前言

学习任务1　办公室网络综合布线实施 *1*
  学习活动1　识读施工图 *3*
  学习活动2　安装底盒 *6*
  学习活动3　线槽的敷设 *10*
  学习活动4　信息模块的端接 *19*
  学习活动5　工程验收 *32*

学习任务2　同楼层新增网络布线实施 *34*
  学习活动1　识读施工图 *35*
  学习活动2　工程实施 *42*
  学习活动3　工程验收 *45*

学习任务3　跨楼层网络布线实施 *47*
  学习活动1　识读施工图 *48*
  学习活动2　工程实施 *53*
  学习活动3　工程验收 *57*

学习任务4　建筑群网络综合布线实施 *59*
  学习活动1　识读施工图 *60*
  学习活动2　工程实施 *64*
  学习活动3　工程验收 *67*

学习任务1　办公室网络综合布线实施

学习目标

1）能够识读办公室布线施工图。
2）能够编制信息点统计表。
3）能依据施工图确定底盒的安装位置。
4）能依据布线，计算线槽的数量和长度。
5）能正确安装PVC线槽。
6）能认识信息模块端接的工具及材料。
7）能进行信息模块的端接。
8）会使用线缆测试仪测试线缆连通性。

建议学时

20学时。

工作情境描述

某企业财务办公室原有一个信息点，现需增加4个信息点，为实现计算机之间互访和资源共享，需要组建一个小型办公网络，业务主管已完成布线实施方案，如图1-1所示。现需网络管理员按照施工图及施工标准完成布线施工。

工作流程与活动

1）获取任务。
2）制订计划。
3）工程安装。
4）质量自检。
5）交付验收。

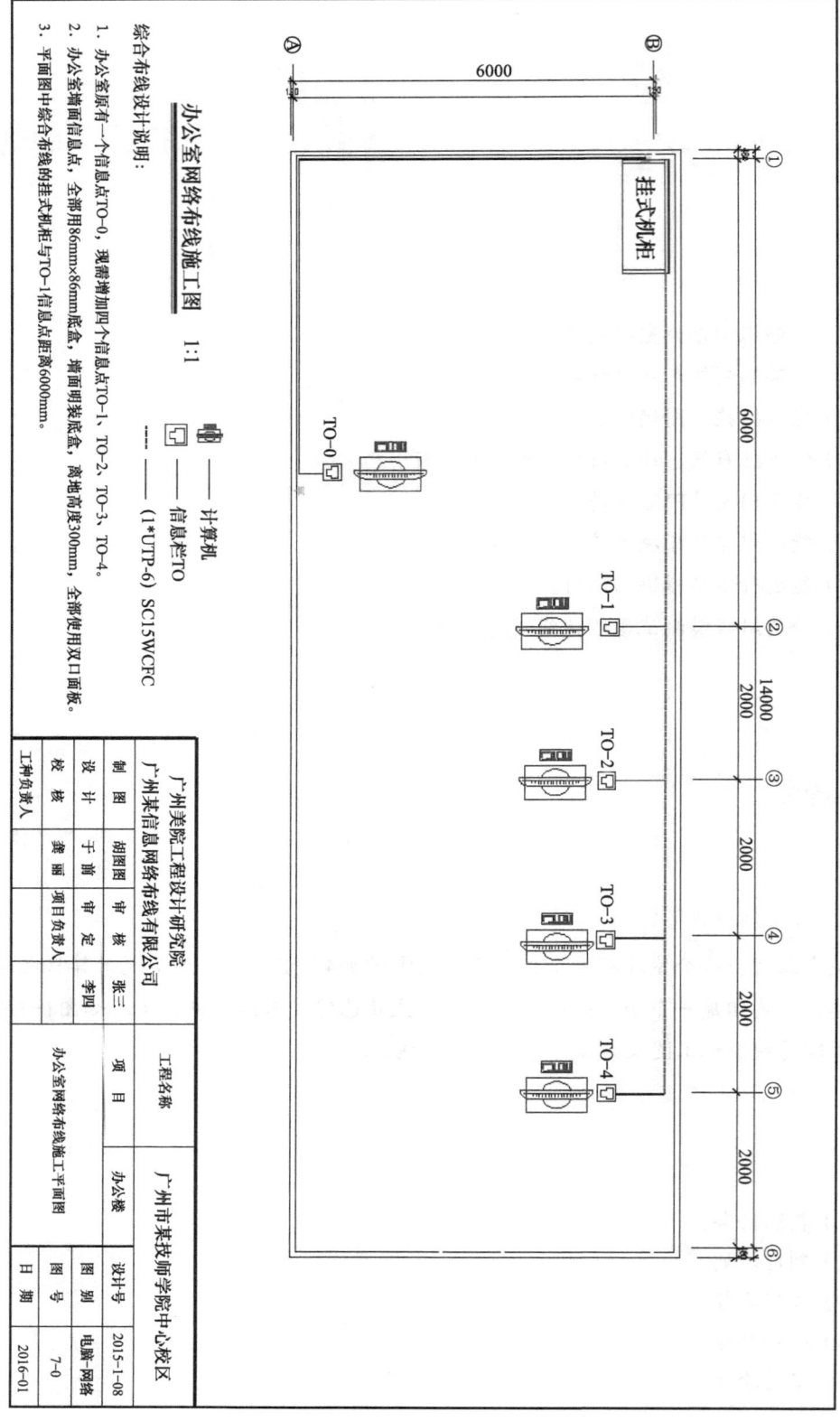

图1-1 某技师学院财务办公室网络布线施工平面图

学习活动1　识读施工图

学习目标

1）能够识读办公室布线施工图。
2）能够编制信息点统计表。

学习过程

1. 识读施工图

请同学们在资料区查阅资料，识读施工图。施工结构见图1-2。

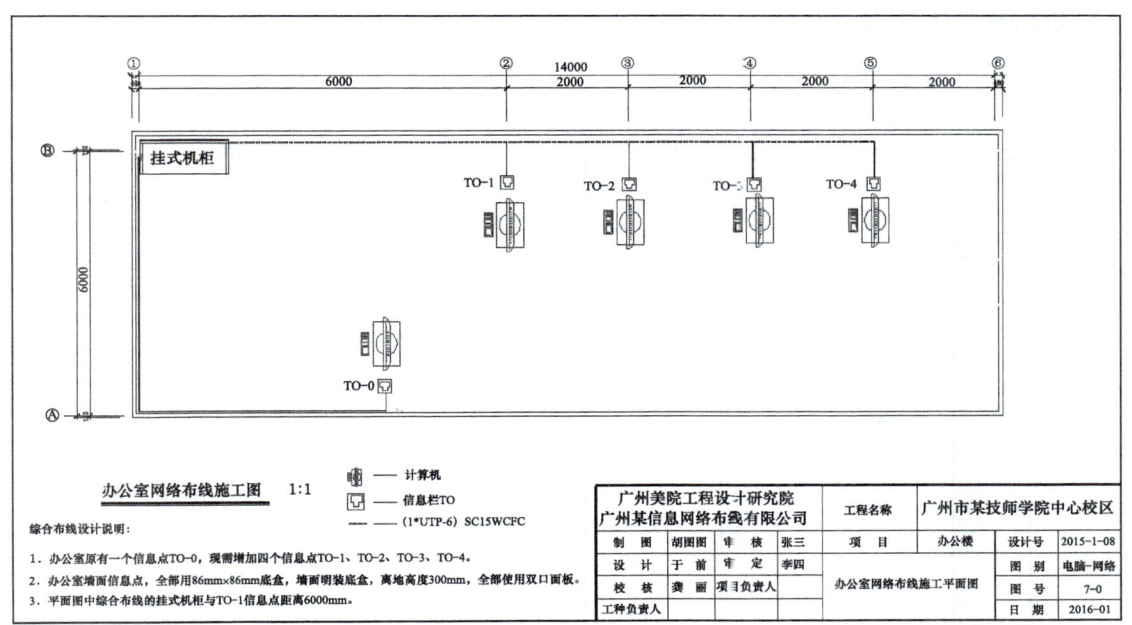

图1-2　施工结构

铜缆布线和信息点分布施工拓扑图见图1-3。

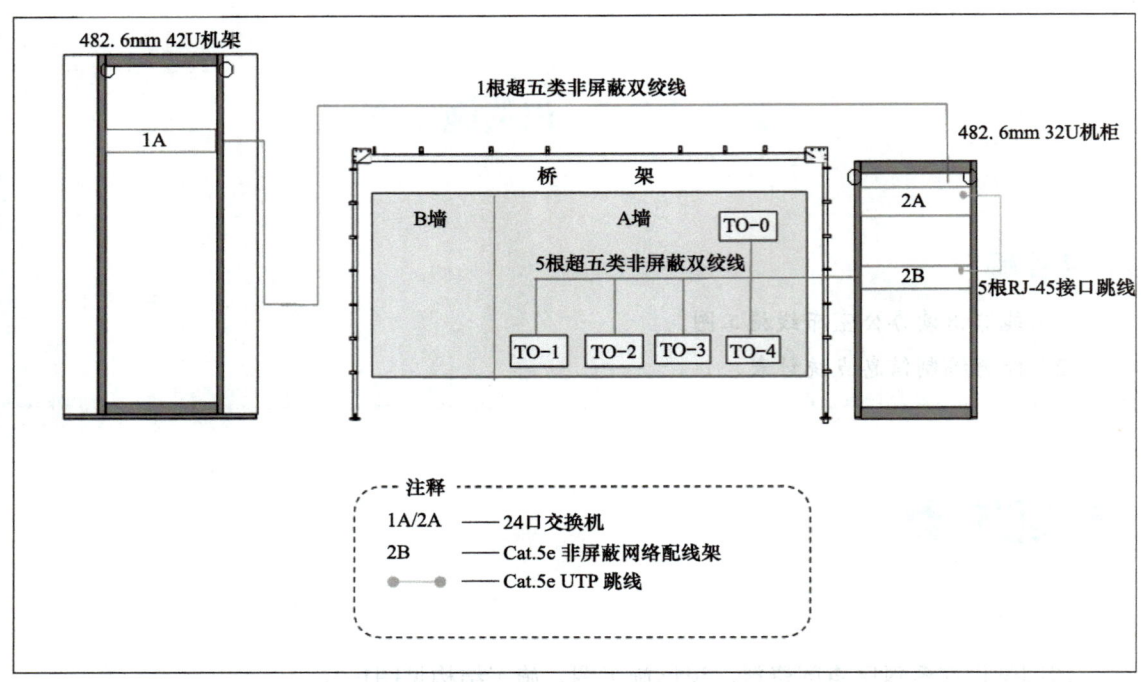

图1-3 铜缆布线和信息点分布施工拓扑图

铜缆及信息点连接图见图1-4。

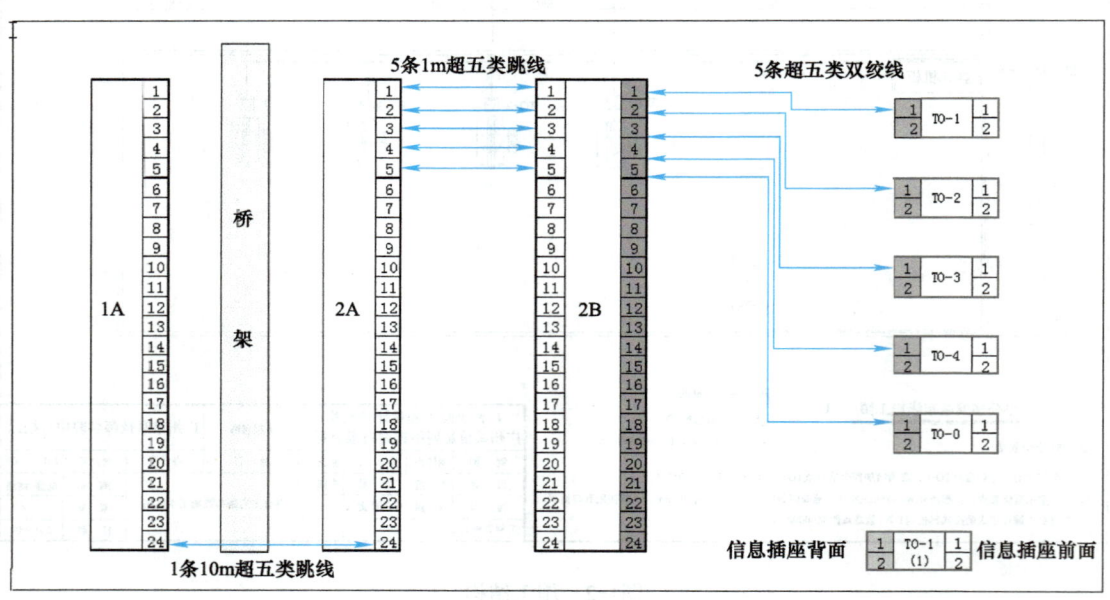

图1-4 铜缆及信息点连接图

图纸基本幅面及图框尺寸如表1-1所示。

表1-1 图纸基本幅面及图框尺寸（GB/T 14689—2008） （单位：mm）

> 请在下面表格内填写A3、A4图纸的尺寸

幅面代号	A0	A1	A2	A3	A4
B×L	841×1189	594×841	420×594		
a	25				
c	10			5	
e	20		10		

查询与收集

请从网上查阅相关资料，写出你所理解的信息点的定义。

_____
_____
_____
_____
_____
_____
_____

小知识

问：在网络综合布线中信息点指的是什么？

一般来说，信息点是指信息插座模块，主要包含数据点和语音点。数据点即网络设备链接点，一般用超五类线、六类线或光纤作为传输介质来连接网络终端设备，通常用TO来表示。语音点就是电话链接点，一般用三类线或五类线作为传输介质来连接电话机，通常用TP来表示。

TO——数据点；TP——语音点。

知识小结

识图的基础知识：

（1）图纸幅面和格式　图纸的基本幅面有五种A0、A1、A2、A3、A4。在图纸上必须用粗实线画出图框，其格式分为留装订边（图框尺寸见表1-1）和不留装订边两种。同一产品的图样只能采用一种图框格式具体要求见GB/T 14689—2008《技术制图 图纸幅面和格式》。

（2）比例　比例分为：原值比例——比值为1；放大比例——比值大于1；缩小比例——比值小于1。

（3）尺寸标注　尺寸标注要求做到：正确、完整、清晰、合理。

（4）图线　国家标准GB/T 17450—1998《技术制图 图线》规定了15种基本线型，在同一图样中，同类图线的宽度应一致。

2. 编写信息统计表

请在701办公室信息布线施工图上指明要安装的信息点具体位置，并根据该图编写信息点统计表。要求：项目名称准确、表格设计合理、数量正确。

广州市某技师学院教学楼701办公室信息点统计表见表1-2。

表1-2　广州市某技师学院教学楼701办公室信息点统计表

楼层	房间号	信息点数量		备注
		TO	TP	
7层				
合计				

学习活动2　安装底盒

学习准备

请自行查找表1-3中安装使用的底盒、工具及材料，并在表1-3上按照工具材料名称和图示的对应关系进行连线。

表1-3 安装用的底盒、工具及材料

序号	工具材料名称	图示
1	底盒	
2	自攻螺钉	
3	卷尺	
4	水平尺	
5	电钻	

学习过程

1. 检查备件种类

请同学们先检查你的备件是否齐全，参见图1-5。

图1-5 安装备件

请写出图1-5中设备的名称_____、_____、_____、_____、_____

2. 检查备件质量

检查底盒外观有无破损。请判断图1-6a、图1-6b中哪个是完好的,在完好的图下括号内打"√",破损的图下括号内打"×",并用红笔标出破损处。

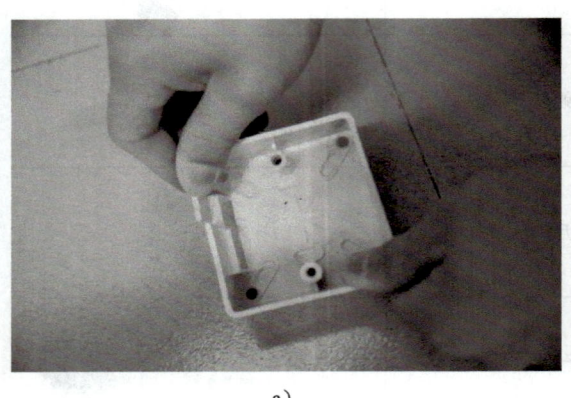
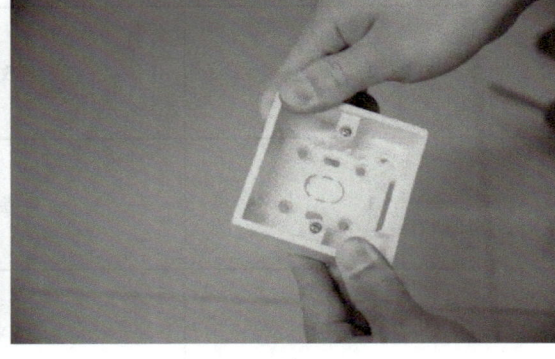

a)　　　　　　　　　　　　　　　　　　b)
（　　）√或×　　　　　　　　　　　　（　　）√或×

图1-6　备件质量检查

3. 定位信息点

根据信息点统计表,用标尺测量施工场地,定位第一个信息点,并使用红笔标注"×"作为标记,信息点定位见图1-7a、图1-7b。

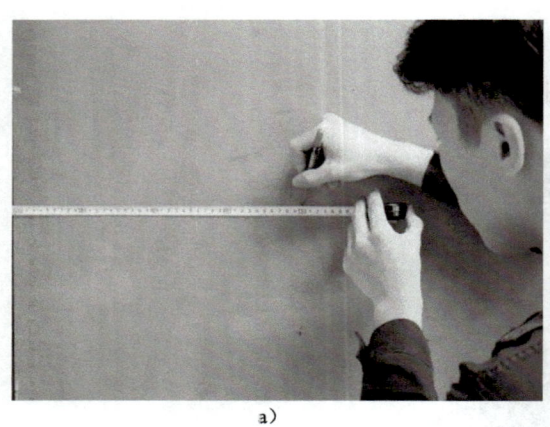

a)　　　　　　　　　　　　　　　　　　b)

图1-7　信息点定位
a）横向定位　b）竖向定位

4. 安装底盒

定位后,在信息点上使用自攻螺钉钻孔,固定底盒,安装底盒见图1-8 a、图1-8b。

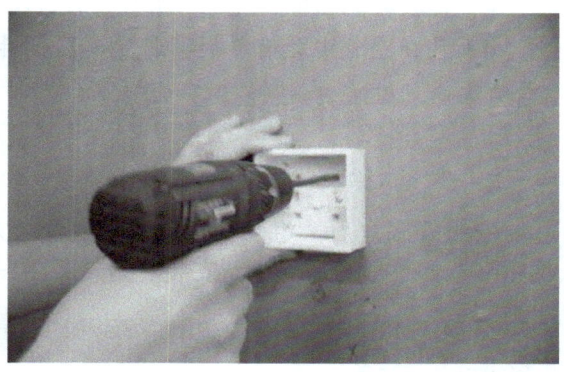

注意：将底盒的左下角与X标记进行定位

a)　　　　　　　　　　　　　　　b)

图1-8　安装底盒

a）定位底盒　b）上螺钉固定底盒

 **小知识**

手电钻使用方法见图1-9a、图1-9b。

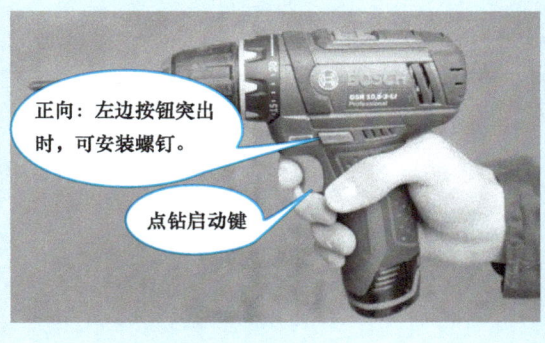
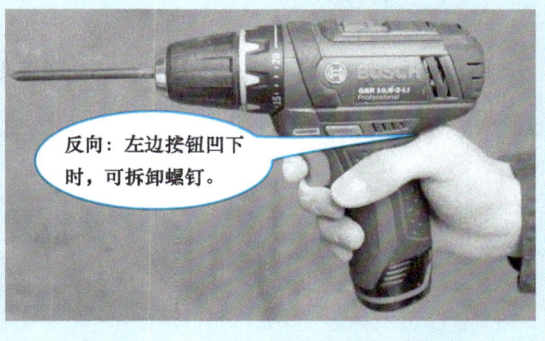

正向：左边按钮突出时，可安装螺钉。

点钻启动键

反向：左边按钮凹下时，可拆卸螺钉。

a)　　　　　　　　　　　　　　　b)

图1-9　手电钻使用方法

a）正向　b）反向

手电钻使用时注意事项：

1）开始使用时，不要手握电钻连接电源，应将电钻放在绝缘物上再接电源。然后，用试电笔检查外壳是否带电，按一下开关，让电钻空转一下，检查转动是否正常，并再次验电。

2）操作人员操作时应戴绝缘手套或穿绝缘鞋，站在绝缘垫上或干燥的木板、木凳上。操作人员操作时禁止戴线手套。

3) 在加工件上钻孔时，应用样冲打出定位坑。小工件应夹在虎钳上打孔。

4) 凡在空气中含有易燃、易爆、腐蚀性气体以及十分潮湿的特殊环境里，不能使用电钻作业。（详细参照使用手册）

5. 水平尺检测

安装好底盒后，将水平尺放置在底盒上方，观察水平尺上的水泡是否在中间，确保定位精准。如不平衡需要重新安装。请判断图1-10 a、图1-10b中哪个底盒的定位精准。

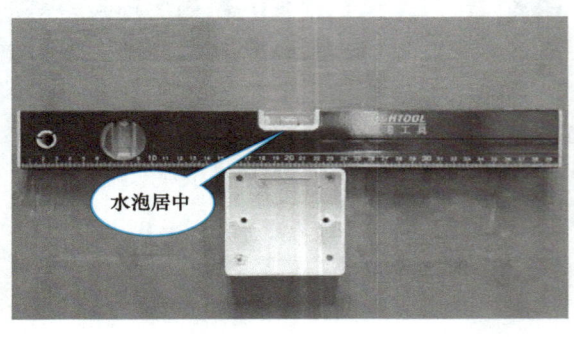 

a)   b)

图1-10　底盒定位检测

a）水泡居中的底盒定位　　b）水泡偏右的底盒定位

注意事项：
根据国标GB 50311—2016综合布线规范要求：底盒距离地面至少300mm。

学习活动3　线槽的敷设

学习目标

1) 能依据施工图确定底盒的安装位置。
2) 能依据布线计算线槽的数量和长度。
3) 能正确安装PVC线槽。

学习准备

1) 请同学们自行查阅PVC线槽及线槽敷设配套附件资料，完成表1-4项目的填写。

表1-4 线槽配套附件

产品名称	图例	用途	备注
线槽			
阳角			
阴角			
直转角			
平三通			
终端头			

2）请同学们根据任务施工图，列举完成线槽的敷设所需的工具和材料，填写在表1-5中，并检查其完好性。

表1-5 工具和材料

设备名称	数量	单位	工具材料样图
PVC线槽			
平三通			
直转角			
终端头			
卷尺			
油性笔			
线槽剪			
水平尺			
电动尺子			
自攻螺钉			

学习过程

◉ 引导问题

（1）确定线槽安装位置　请同学们根据任务施工图，确定线槽的安装位置。定位线路走向见图1-11。

测量好长度后，用油性笔做好标记

图1-11　定位线路走向

要求：从始端到终端（先干线后支线）找好水平或垂直线，计算好线路走向和线缆长度，根据确定的施工图，标明在什么地方打孔，确定水平线缆和垂直线缆的走向、根数以及线槽的尺寸，线槽根数统计表见表1-6。

表1-6 线槽根数统计表

线槽长度/mm	数量/根	备注

（2）裁剪线槽　请同学们按需要的PVC线槽长度和数量做好准备工作，打开线槽盖，并截剪出合适长度的线槽。

1）识别线槽盖盖面和线槽盖底面，见图1-12。

请同学们指出方形红框表示的是、圆框表示的是什么。

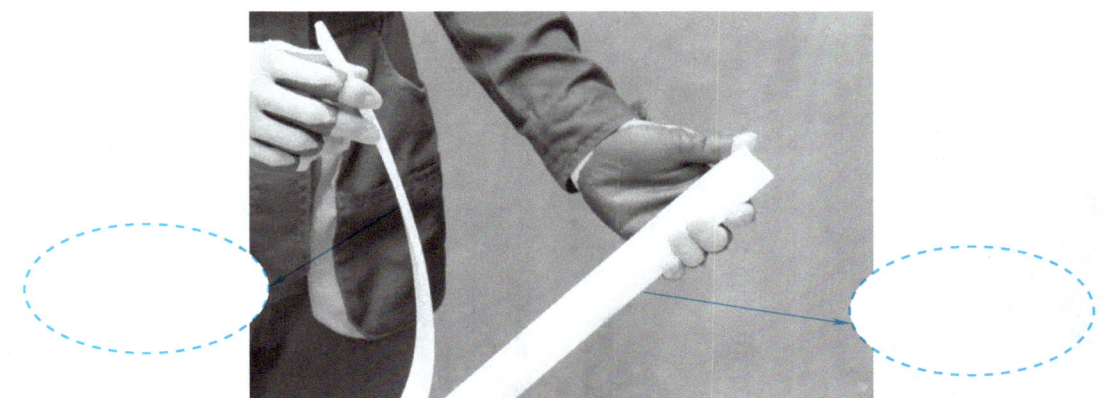

图1-12 认识线槽

2）请同学们打开线槽盖，如图1-13。

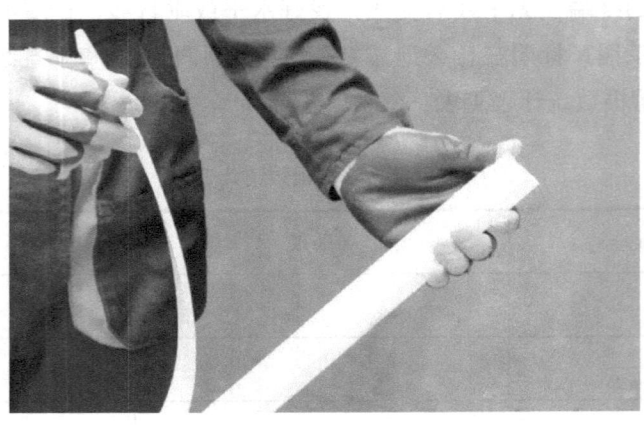

图1-13 开线槽盖

3）学习线槽剪刀的使用方法。

①请同学们写出图1-14a、图1-14b、图1-14c、图1-14d所示操作表示的含义。

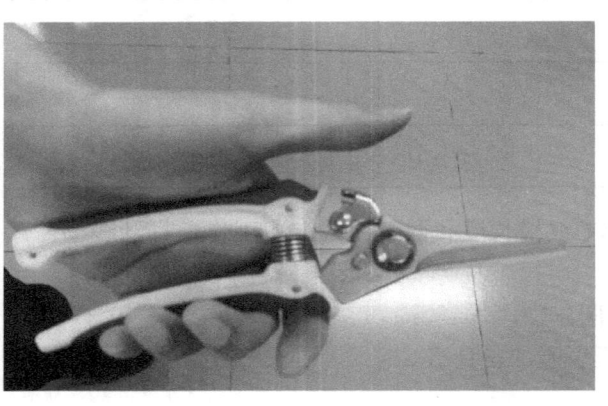

a)

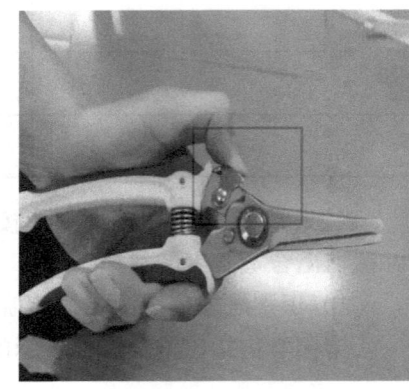

b)

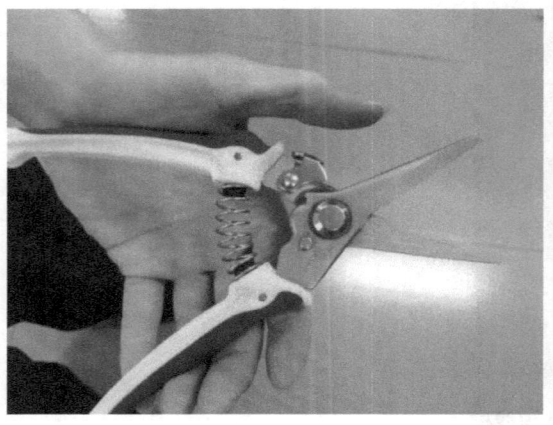

c)

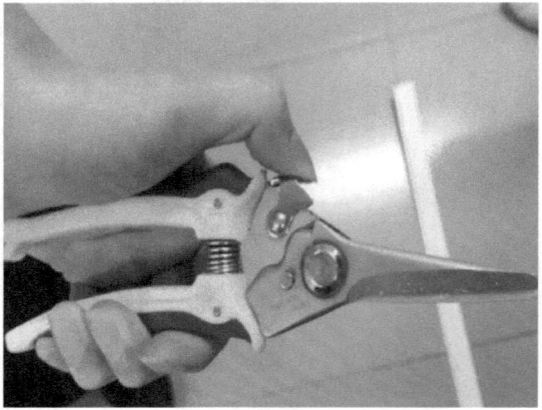

d)

图1-14 剪刀操作方法

②请同学们识读剪刀使用注意事项。

> a. 使用剪刀要注意刀刃的朝向，不能对着人。借剪刀时应该是剪刀合拢，刀刃朝自己，刀柄朝别人。
> b. 剪刀使用完毕后一定要合拢收好，有剪刀套的还要将刀刃装进剪刀套里，并且将剪刀放置在规定的位置。

4) 请同学们按测量好长度，用剪刀截剪出合适长度的线槽，如图1-15 a、图1-15b。

 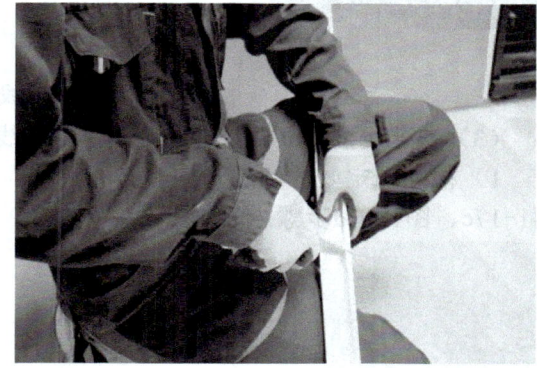

图1-15　裁剪线槽

截剪技巧

设疑：截剪线槽有何要求？

小知识

> 下料后长度偏差应在5mm内，线槽的切口要平整，无卷边、飞边。

5) 请同学们观看转弯制作视频，填写图1-16所示线槽的转弯制作步骤，并根据本任务要求，完成线槽的转弯制作，见图1-16 a、图1-16b、图1-16c、图1-16d。

a)　　　　　　　　　　　　　　　　b)

c)　　　　　　　　　　　　　　　　　　d)

图1-16　线槽转弯制作

（3）安装线槽　根据任务施工图，完成线槽的安装。

1）根据制定好的线路走向和打孔标记，完成线槽的安装，填写图1-17 a、图1-17b、图1-17c、图1-17d步骤。

a)　　　　　　　　　　　　　　　　　　b)

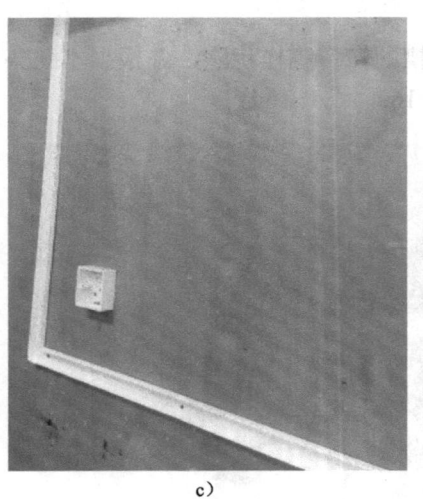

c)　　　　　　　　　　　　　　　　　　d)

图1-17　安装线槽

2）请同学们归纳PVC线槽的安装技巧。

 **小知识**

> PVC线槽的安装技巧：
> 1．25mm×0mm～25mm×30mm规格的线槽，一个固定点应该至少有2个固定螺钉，并且水平排列。
> 2．25mm×30mm规格以上的线槽，一个固定点至少有3个固定螺钉，并且成梯形状排列。
> 3．除了固定点外应该每隔1m左右钻两个孔。
> 4．墙面明装PVC线槽，线槽固定间距一般为1m，两种固定方式分别是：直接向水泥中钉螺钉，先打塑料膨胀管再钉螺钉。

3）请同学们观看视频并学习PVC线槽（管）的安装注意事项。

（4）测试　请同学们测试所安装的线槽是否符合标准。

1）判断所安装的线槽是否合格，标准是什么，请完成下面空格的填写。

使用＿＿＿＿来检测线槽是否达到＿＿＿＿的标准。如有偏差，则适当调整＿＿＿＿，使之达标。

2）请同学们调整水平尺的放置位置，完成对散装线槽的测试，见图1-18a、图1-18b。

a)　　　　　　　　　　　　　　b)

图1-18　测试线槽的安装是否符合标准

（5）布线　请同学们根据线槽走向，给各个信息点布好网线。

小知识

> **线缆的敷设要求：**
> 　　同一回路的所有相线、中性线和保护线（如果有保护线），应敷设在同一线槽内；同一路径无防干扰要求的线路，可敷设于同一线槽内。电线或电缆在金属线槽内不宜有接头，但在易于检查的场所可允许在线槽内有分支接头；电线、电缆和分支接头的总截面积（包括外护层）不应超过该点线槽内截面积的75%。

（6）安装线槽盖　请同学们自行安装线槽盖。

1）请同学们准备好与所敷设线槽相配的线槽盖盖板、直转角、平三通。

2）请同学们完成线槽盖的安装，填写图1-19a、图1-19b、图1-19c、图1-19d、图1-19e、图1-19f、图1-19g所示步骤。

a)

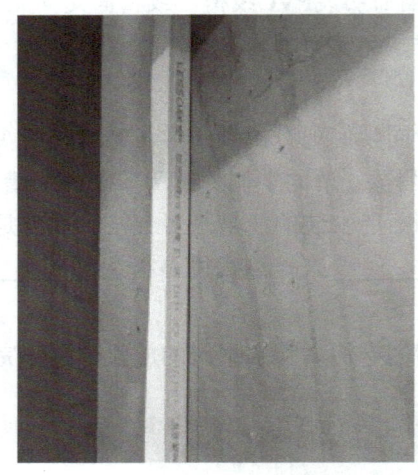

b)

c)

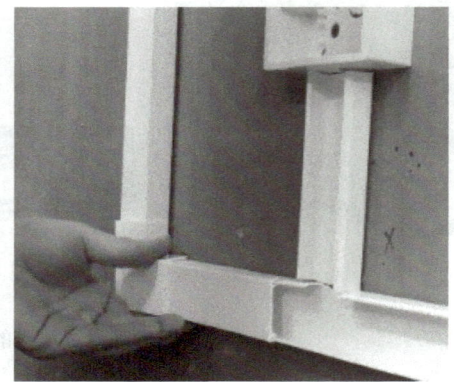

d)

e)

f)

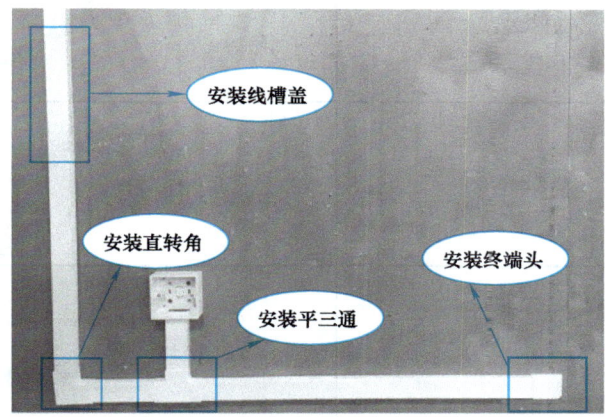
g)

图1-19 安装线槽盖

小知识

线槽盖的安装技巧：
线槽盖装上后，应平整、无翘角，出线口的位置准确。线槽的所有拐角应相互连接和跨接，使之成为一体。

学习活动4 信息模块的端接

学习目标

1）认识信息模块端接的工具及材料。
2）学会信息模块的端接。
3）学会使用线缆测试仪测试线缆的通断。

学习准备

1）请自行查找资料，认识表1-7中的端接信息模块工具，并在表1-7上按照工具名称和图示的对应关系进行连线。

表 1-7

序号	工具名称	图示
1	油性笔	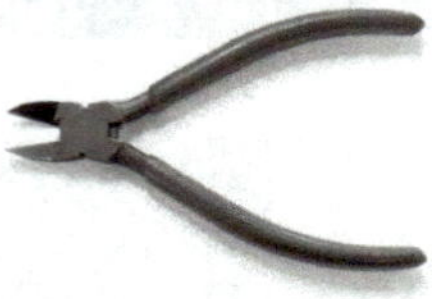 （斜口钳图片）
2	线缆测试仪	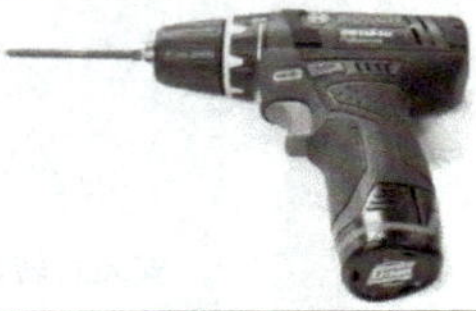 （手电钻图片）
3	剥线器	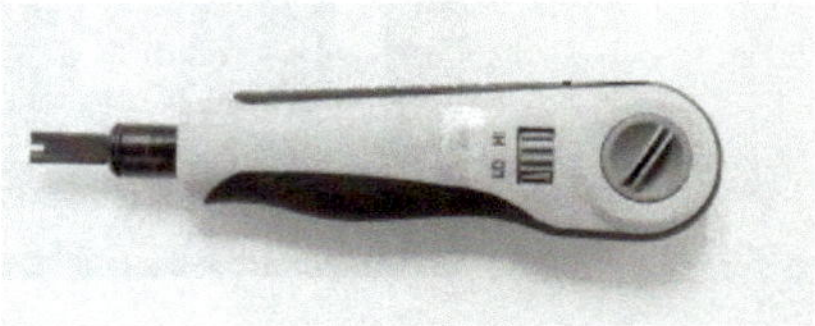 （打线刀图片）
4	剪线钳	 （油性笔图片）
5	单对打线刀	 （线缆测试仪图片）
6	手电钻	 （压线钳图片）
7	压线钳	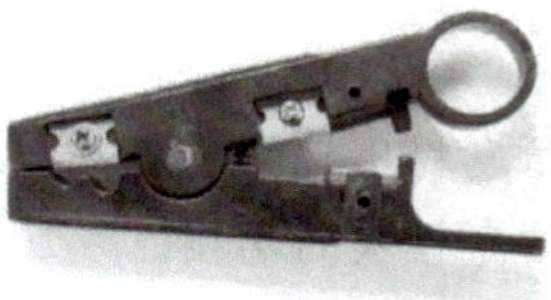 （剥线器图片）

2）请自行查找资料，了解双绞线与RJ-45接口的连接标准。一般双绞线与RJ-45接口的压接（压线）方法同样有两种国际标准：ANSI/EIA/TIA568A和ANSI/EIA/TIA568B，其线序见图1-20。

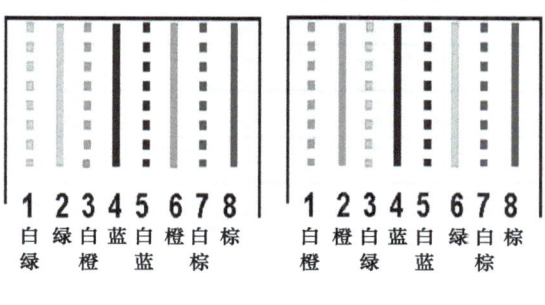

图1-20　双绞线与RJ-45接口的压线标准

请问：图1-20a为_____标准、图1-20b为_____标准。

学习过程

1．检查工具和材料的准备情况

请同学们先检查你的信息模块端接工具和材料是否齐全，参见图1-22。

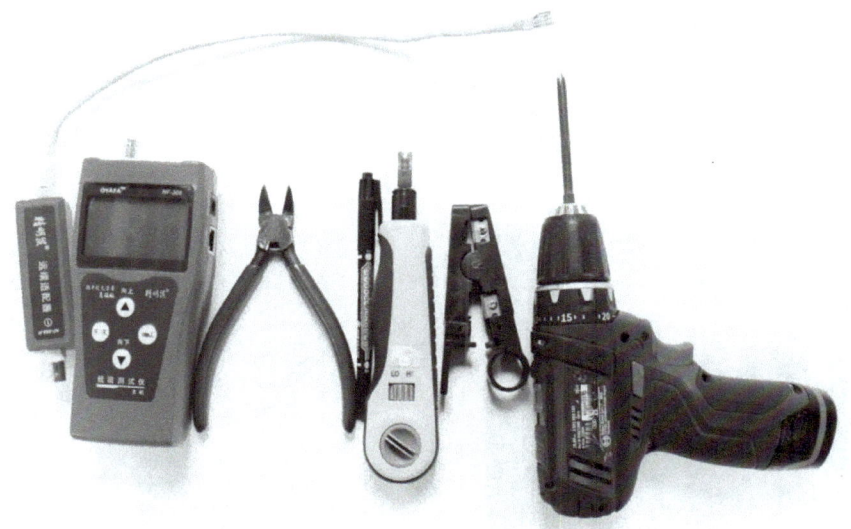

图1-21　信息模块端接工具和材料

1）请写出图1-21中的设备名称_____、_____、_____、_____、_____、_____、_____。

2）工具和材料是否齐全？还差哪些？

2．信息模块的端接

（1）剪线　剪线时要预留10～12cm（或在底盒绕成一圈的长度）的余量，以利于后期维护。使用剪刀剪去多余的双绞线，见图1-22。

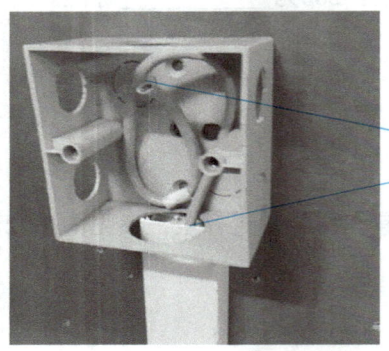

图1-22　剪线时的预留量

（2）剥线　使用剥线器在离双绞线末端4～5cm处，慢慢旋转一圈，去掉一段双绞线绝缘护套，见图1-23a、图1-23b。

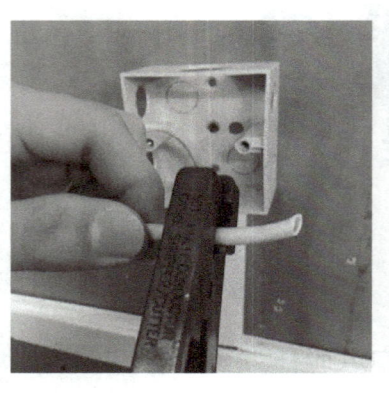
a）

b）

图1-23　剥线

（3）剪牵引线　使用剪刀剪去双绞线绝缘护套下多余的牵引线，见图1-24。

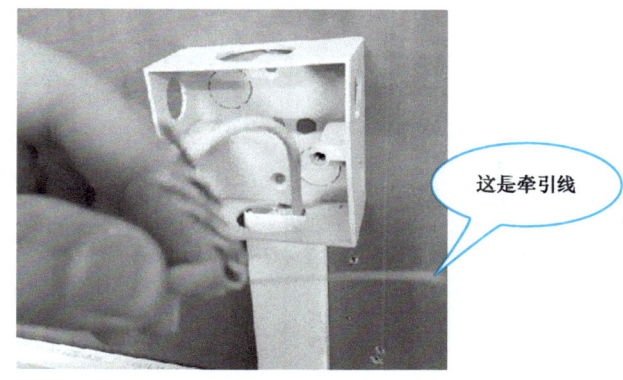

这是牵引线

图1-24　剪牵引线

（4）分线　把剥开的双绞线线芯按线对分开，但先不要拆开各线对，见图1-25。

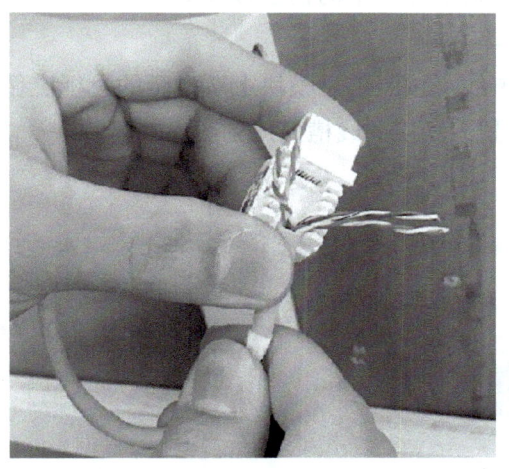

图1-25　分线

请问双绞线线序有多少组线对？分别是什么颜色？

_____
_____
_____
_____
_____
_____
_____
_____

（5）卡线

1）认识信息模块，见图1-26a、图1-26b。

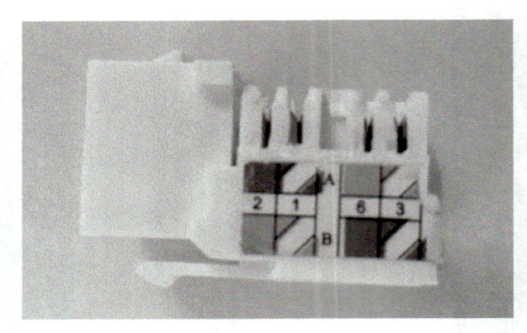 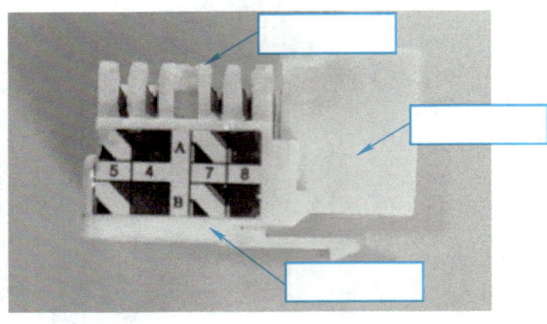

a) b)

图1-26 信息模块

图1-26中的信息模块是哪种类型的信息模块？它由IDC打线槽、色标和RJ-45接口构成，请在图1-26上标出来。

2）采用T568B标准卡线。按照信息模块上所指示的色标遵循EIA/TIA568B标准线序排列，稍稍用力将导线逐一置入相应的线槽内，见图1-27。

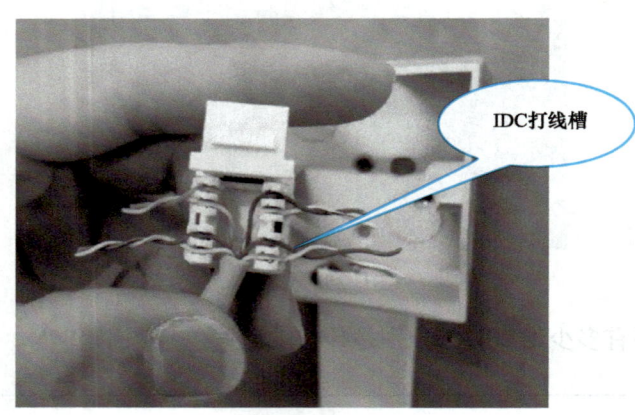

图1-27 卡线

（6）打线　使用单对打线刀将一根根线芯打入线槽底部，并打断多余的线芯。见图1-28。

（7）做标签　使用标签扎带给信息模块线缆做标签，在标签上写上连接的设备名称和端口号。例如：连接的设备名称为1A，端口号为3X，则标签设为1A-3X。然后把已写好标签的标签扎带套在线缆上，剪掉多余的扎带线。见图1-29。

图1-28 打线

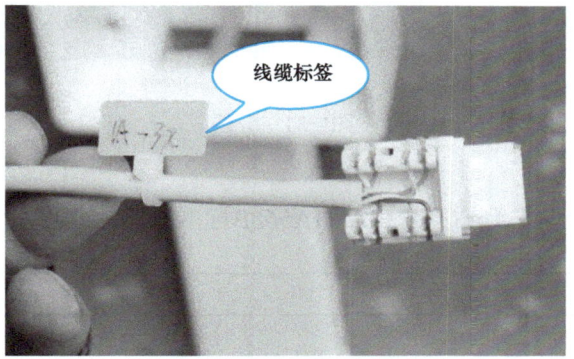

图1-29 做标签

3．RJ-45接口水晶头的制作

（1）冗余线处理　预留足够在支架上下移动的长度，使用剪刀剪去多余的双绞线（即冗余线缆处理），以利于后期维护。

（2）剥线、剪绳　使用剥线器在离双绞线末端2cm左右，慢慢旋转一圈，去掉一段双绞线绝缘护套，使用剪刀剪去双绞线绝缘护套下多余的牵拉绳或棉线，见图1-30。

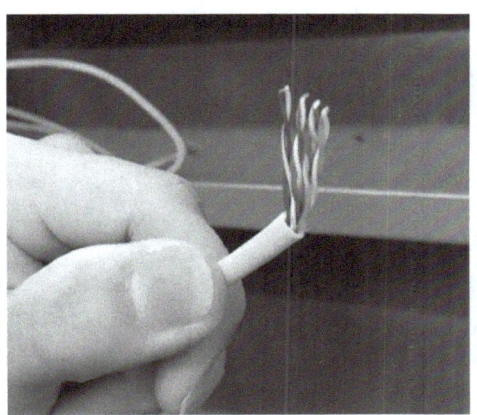

图1-30 剥线、剪绳

（3）分线　把剥开的双绞线线芯按色标遵循EIA/TIA568B标准线序排列，见图1-31a。预留1cm长度，剪平线芯，见图1-31a、图1-31b。

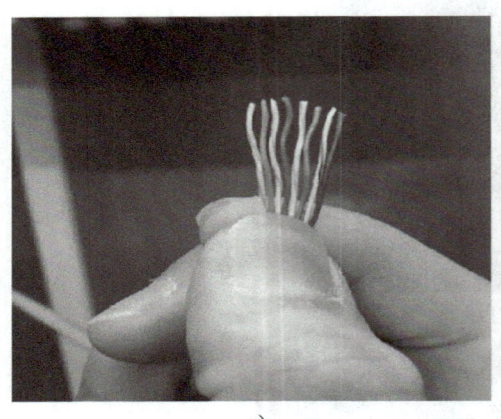 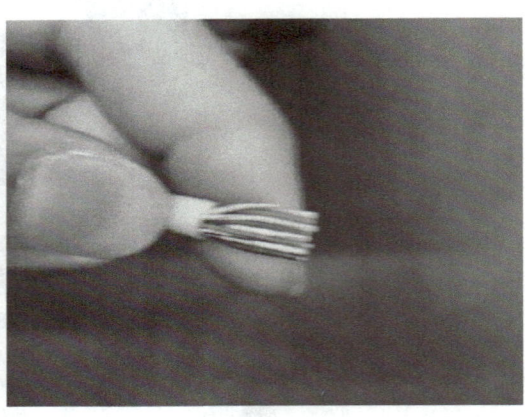

　　　　a)　　　　　　　　　　　　　　b)

图1-31　分线

a）分线　b）剪平线芯

请同学们按图1-31从左到右列出EIA/TIA568B标准线序的线序颜色？
_____
_____
_____
_____
_____
_____
_____

（4）安装水晶头　把线缆插入水晶头（推进底部），然后使用压线钳套入水晶头，夹一下，见图1-32a、图1-32b，让水晶头的铜片跟线缆铜线接触。

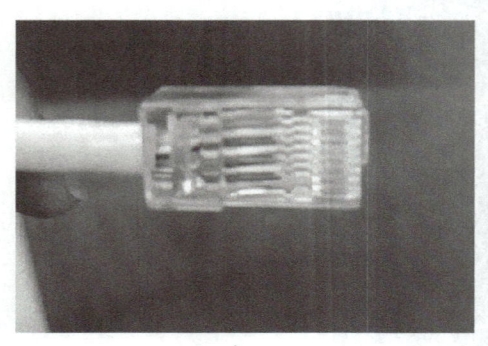 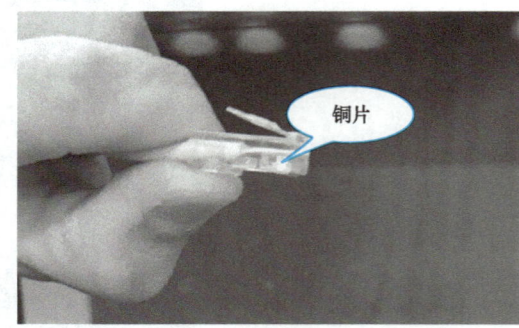

　　　　a)　　　　　　　　　　　　　　b)

图1-32　安装水晶头

（5）做标签　使用标签扎带给水晶头线缆做标签，在标签上写上连接的信息点类型、序号和面板端口号（双口面板）。例如：信息点类型为TO，序号为3，面板端口号为1，则标签设为TO-3-1。然后把已写好标签的标签扎带套在线缆上，剪掉多余的扎带线。

4．测试线缆通断

使用精明鼠NF-306线缆测试仪和超五类跳线测试线缆的通断，见图1-33。

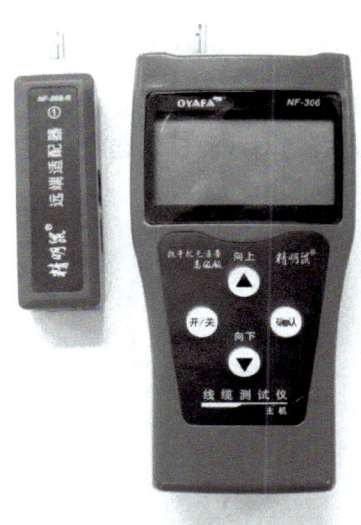

图1-33　精明鼠NF-306线缆测试仪

请在图1-34上标出线缆测试仪的构件或按键名称。

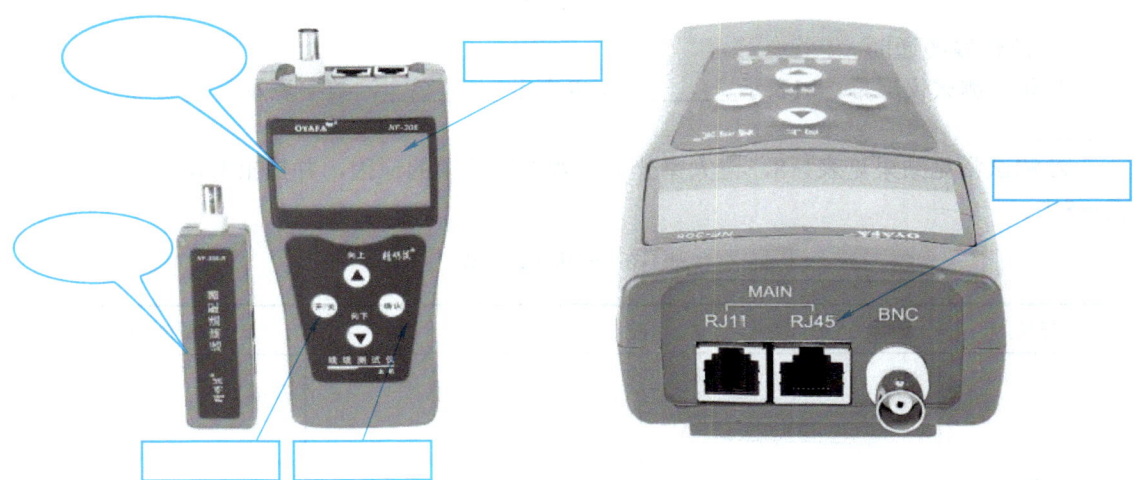

图1-34　精明鼠NF-306线缆测试仪的构件和按键指示

1）把信息模块头插入线缆测试仪远端，见图1-35。

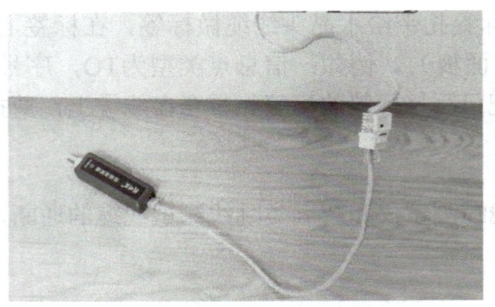

图1-35 信息模块与测试仪连接

2）把水晶头插入线缆测试仪近端（或主机）。

3）打开线缆测试仪开关键，选择"对线测试"选项，按"确认"键，见图1-36。

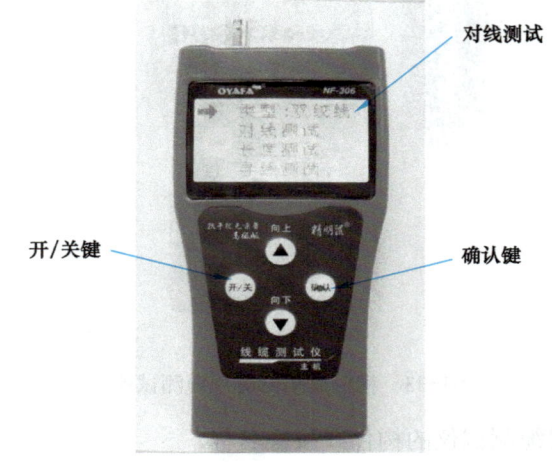

图1-36 测试前的仪器选项准备

4）测试线缆通断。

①观察测试仪屏幕，M表示_____，R表示_____，数字表示_____，X表示_____。

②测试常见结果见表1-8，请大家分析导致测试结果的原因，并提出解决办法，填写在表1-8中。

表1-8 网线测试结果

序号	测试结果	原因	解决办法
1			

（续）

序号	测试结果	原因	解决办法
2			
3			
4			
5			

③测试显示结果进行纠错，直到线缆连通，如表1-8的序号_____。

5．安装远端面板

（1）卡装　打好线的网络模块扣入双口信息面板左口中，见图1-37a、图1-37b。

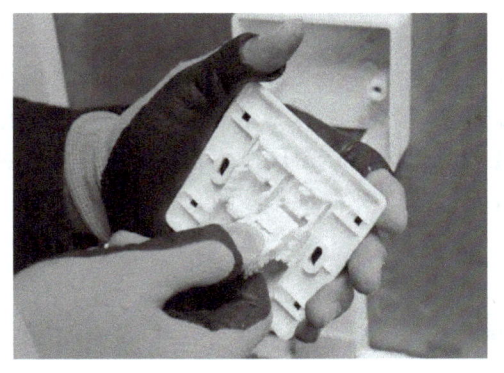
a)

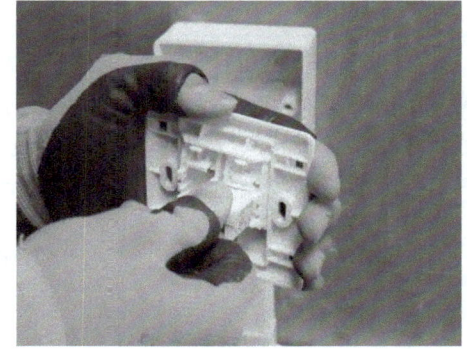
b)

图1-37　卡线

（2）理线　整理双绞线，把冗余线放入底盒。

（3）固定面板　使用手电钻把面板用螺钉固定到底盒上，安装装饰板，见图1-38。

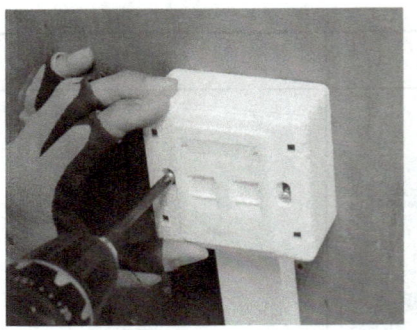

图1-38　固定面板

6. 做面板标记

将信息点编号粘贴在面板上，见图1-39。

图1-39　粘贴面板标记

小知识

（1）信息插座组件的结构　信息插座由面板、信息模块和底盒组成，见图1-40。信息模块常用的有超五类和六类两种类型；压线方式有打线式和扣锁式，打线式信息模块需要用专用打线钳手工按色标将双绞线打入其IDC打线槽内，其结构见图1-40a、图1-40c；而扣锁式信息模块只需按色标将双绞线插入其线槽，压紧扣锁帽即可，不需要使用打线钳，其结构见图1-40b。

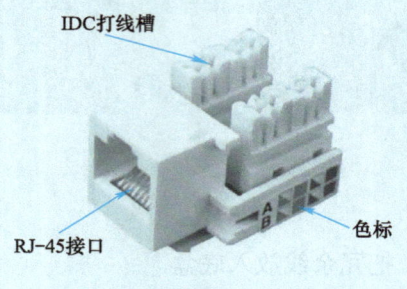

a)

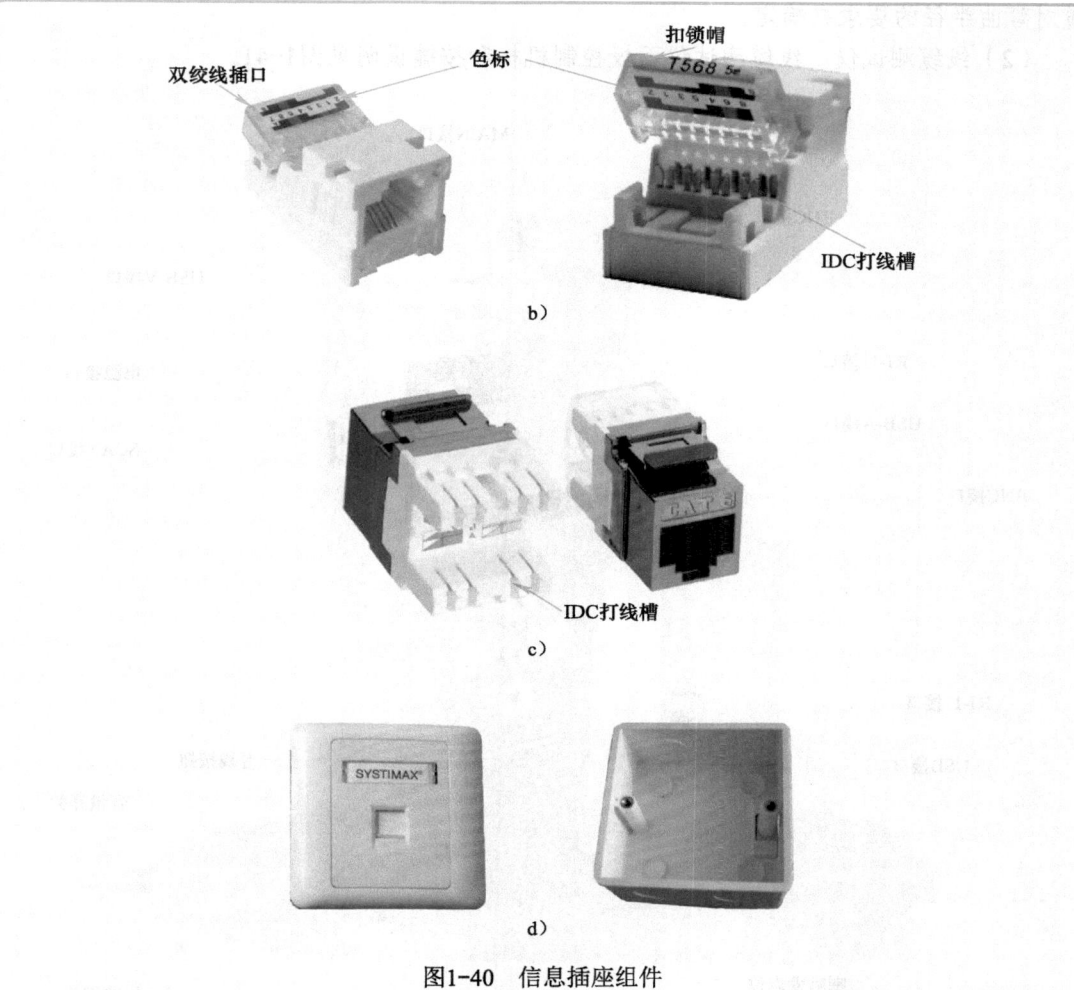

图1-40 信息插座组件

a）打线式超五类信息模块 b）扣锁式超五类信息模块 c）六类信息模块 d）信息插座面板与底盒

信息插座面板通常可分为86mm×86mm单口、双口和四口几种类型，见图1-40d。目前，绝大多数知名布线产品供应商都能提供进口面板或国产的国标面板供用户选择。进口面板主要有两种，一种是以美国为代表的北美风格面板，这种面板通常不包括防尘弹簧拉门，而是采用插拔式防尘盖。其优点在于RJ-45模块可以90°、45°或任意方式安装在面板上，具备良好的使用功能。另外一种是以法国、德国和英国产品为代表的欧洲风格面板，这些面板通常在面板上装有防尘弹簧拉门以及可更换的标示座。

信息插座底盒类型多种多样，安装方式各不相同。信息插座一般分为嵌入式插座（见图1-40d）、表面安装式（明装）插座和多介质信息插座。新建的建筑物应选用嵌入式插座，而现有的建筑物通常采用表面安装式插座。嵌入式插座底盒（暗底盒）大小有86mm×86mm单体盒和86mm×172mm双体盒两种，明装式插座底盒大小为86mm×86mm。光纤信息插座模块安装的底盒大小应根据水平光缆（2芯或4芯）终接光缆盘的大小和光缆对弯曲半径的要求来确定。

（2）线缆测试仪　线缆测试仪面板控制机构和按键说明见图1-41。

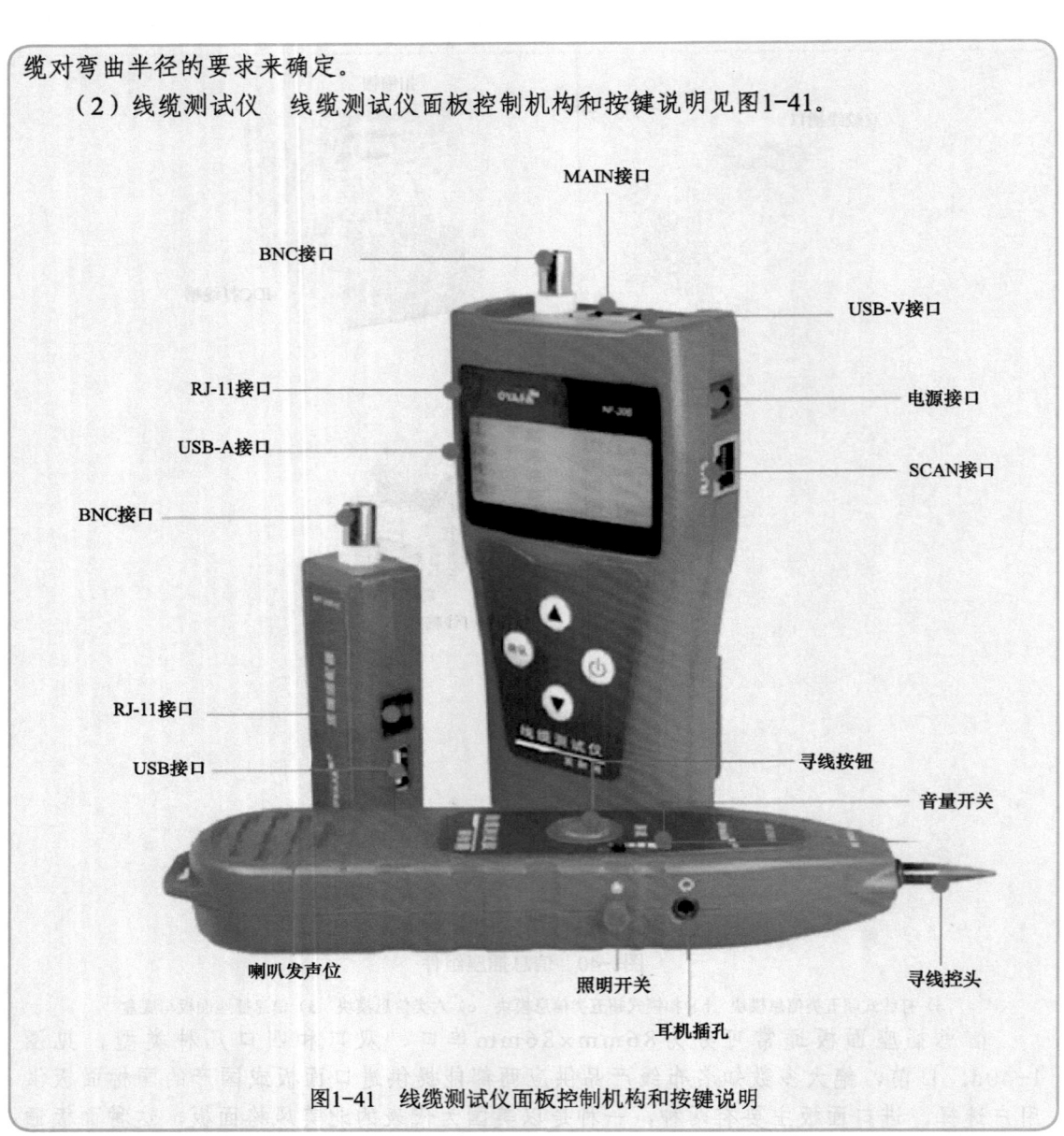

图1-41　线缆测试仪面板控制机构和按键说明

学习活动5　工程验收

学习目标

1）展示工作成果，进行布线验收。
2）填写验收单。
3）学习活动考核评价。

学习过程

1. 填写验收报告

验收报告必须提供具体的验收内容。

2. 整理

将现场物品进行分类摆放，归还剩余材料和工作设备，切断工作台电源，整理现场，使之符合生产现场管理6S标准。

评价

学习活动考核评价，见表1-9。

表1-9 活动考核评价

学习活动名称：　　　　　　　班级：　　　　　　　小组名称：

评价项目	评价标准	评价依据（信息、佐证）	评价方式 自评 0.2	评价方式 小组评价 0.3	评价方式 教师评价 0.5	权重	得分小计	总分
职业素养	1. 遵守管理规定及课堂纪律 2. 学习积极主动、勤学好问 3. 团队合作精神	1. 考勤表 2. 学习态度				0.3		
专业能力	1. 能掌握信息网络布线制作要素 2. 能区分T568A和T568B的不同，并能绘制线序图 3. 能绘制施工平面图 4. 能整理出制作信息模块要点 5. 能掌握信息布线技术原理 6. 能设计、完成信息点的布线施工，并能完成验收工作 7. 能总结表达信息网络布线过程中的要点	完成布线施工情况				0.7		

教师签名：　　　　　　　　　　　　　　　　　　　　　　　日期：

注：1. 评价分值均为百分制，小数点后保留1位；总分为整数。

学习任务2　同楼层新增网络布线实施

学习目标

1）能够识读同楼层新增网络综合布线实施施工图。
2）能够正确选取本任务所需网络设备。
3）能够正确选取本任务所需的常用工具。
4）能够正确选取本任务所需材料。
5）能正确进行六类水晶头端接。
6）能进行六类非屏蔽模块、六类屏蔽模块端接。
7）能完成超五类配线架、六类配线架端接。
8）能正确制作标签。
9）会使用网络测试仪测试线缆连通性。

建议学时

20学时。

工作情境描述

某企业办公楼需增加一个配线间，此配线间汇聚了多个网络信息点和语音信息点，要求能与同层原有的机房实现资源共享。业务主管已完成施工方案，现需网络管理员按作业标准完成布线施工。

工作流程与活动

1）获取任务。
2）制订计划。
3）工程实施。
4）质量自检。
5）交付验收。

学习活动1　识读施工图

学习目标

1）能够识读同楼层新增网络综合布线实施施工图。
2）能够认识双绞线种类，双绞线配线架，超五类、六类线、跳线，110型配线架等设备材料，并会使用网线钳、单对打线刀、斜口钳、剥线刀等工具。
3）会使用网线钳进行超五类、六类线端接。
4）识记T568A、T568B线序。
5）会使用双绞线配线架对线缆进行理线。
6）会正确使网络测试设备。
7）能做好安全防护措施。

学习过程

1. 识读施工图

1）施工结构见图2-1。

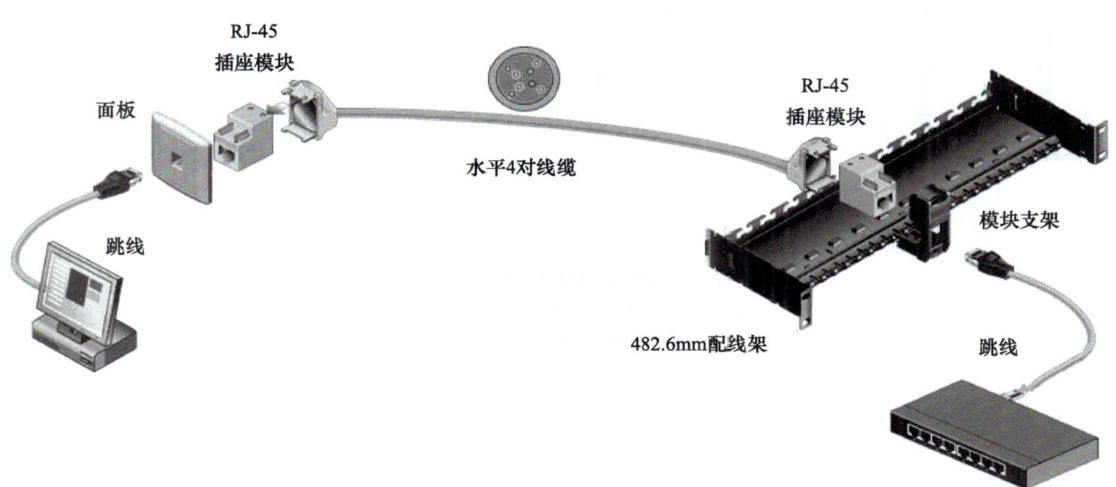

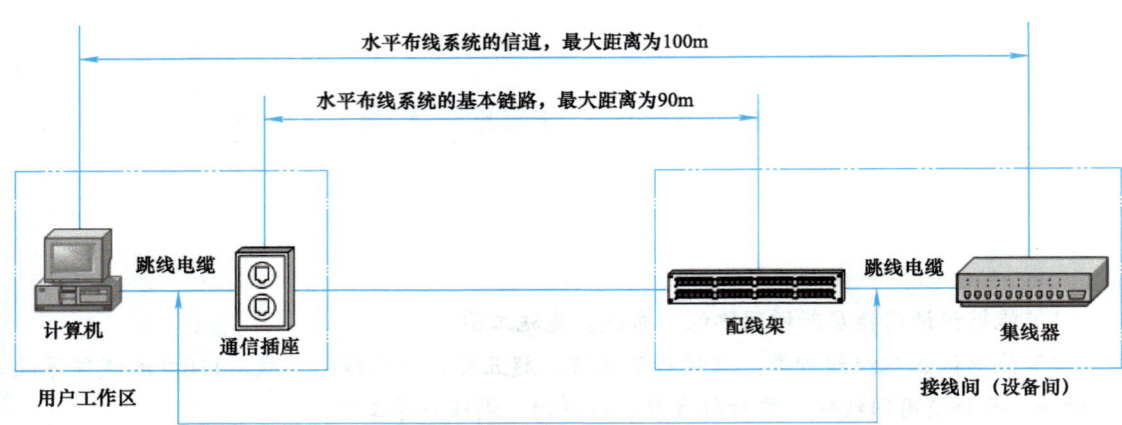

图2-1 施工结构

2）施工拓扑图铜缆布线和信息点分布见图2-2，铜缆接续见图2-3。

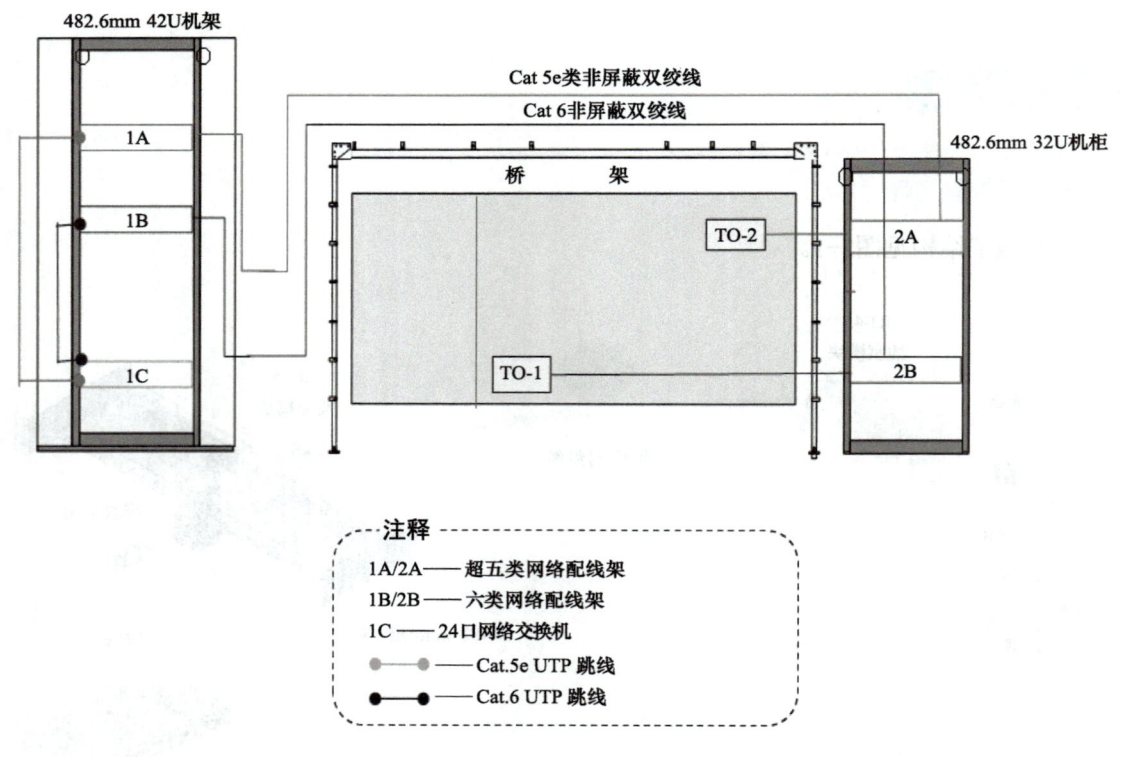

图2-2 施工拓扑图铜缆布线和信息点分布

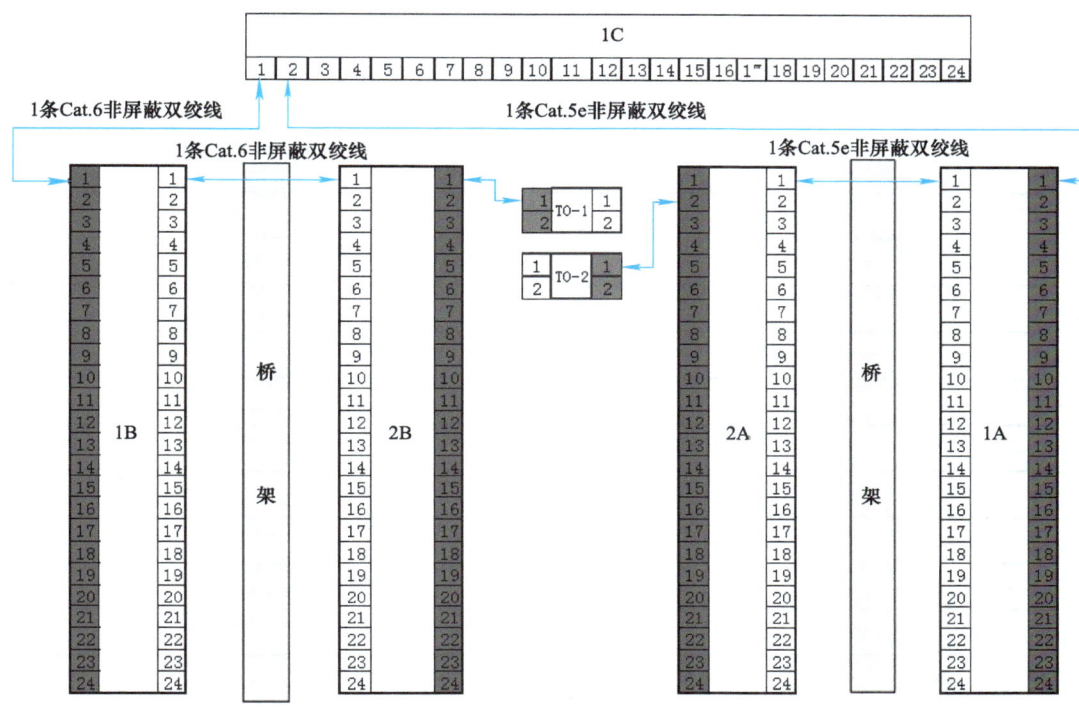

图2-3 铜缆接续

3）水平子系统

📖 **查询与收集：**

① 请查阅相关资料，写出水平子系统的定义。

_____
_____
_____
_____
_____
_____
_____
_____
_____

② 写出水平子系统的主要施工要求：

4）双绞线

📖 **查询与收集：**

请查阅相关资料，写出双绞线的定义及分类。

小知识

RJ-45接口水晶头排线示意见图2-4。

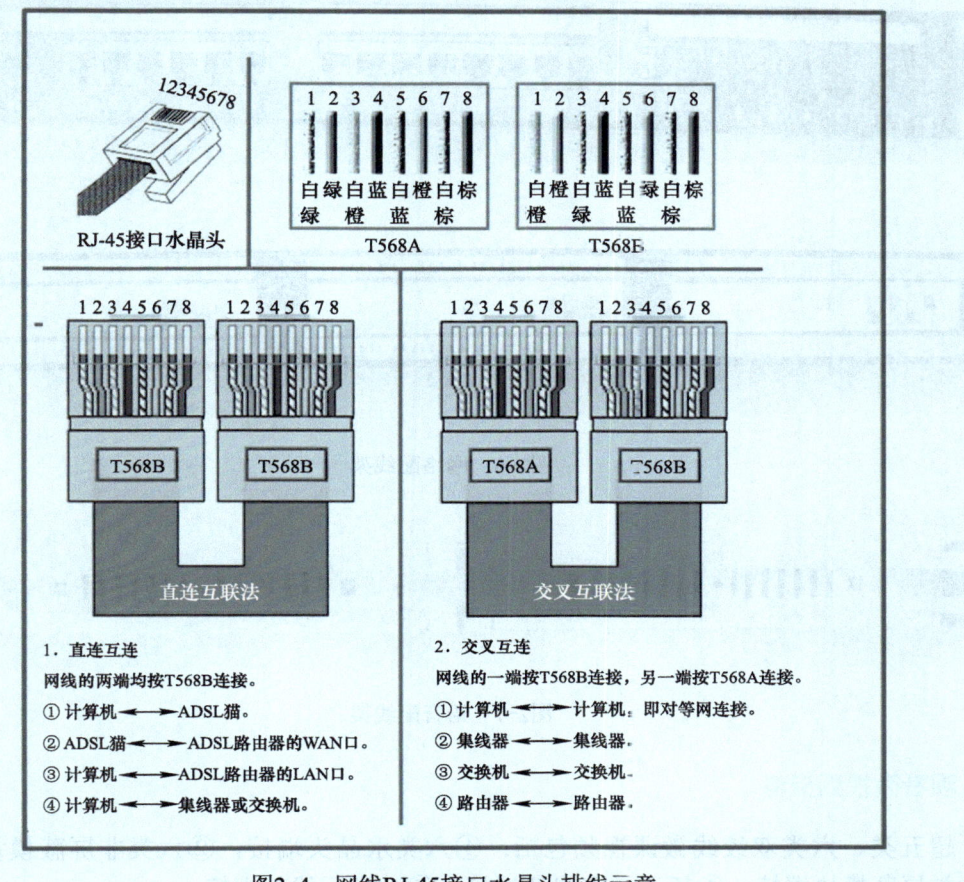

图2-4 网线RJ-45接口水晶头排线示意

2. 认识双绞线信息插座

双绞线信息插座包括信息模块、面板和底盒，见图2-5。

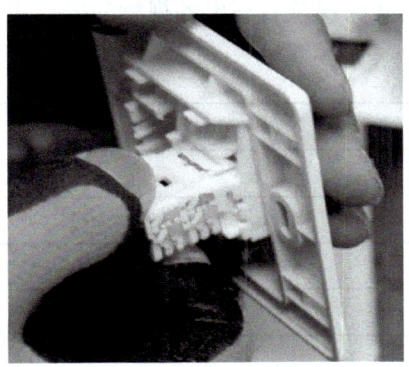

图2-5 双绞线信息插座

3. 认识双绞线配线架

双绞线配线架按功能分有网络配线架（数据配线架）和语音配线架，见图2-6、图2-7。

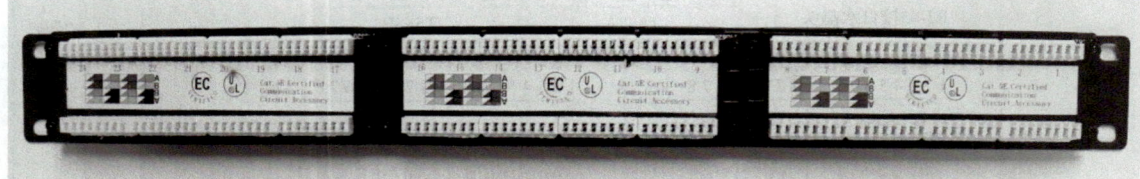

图2-6　网络配线架

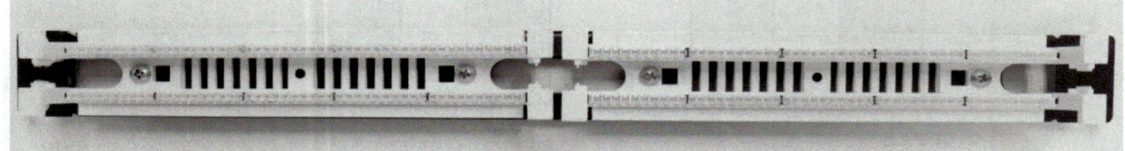

图2-7　语音配线架

观看微视频资料

超五类、六类双绞线微课视频包括：①六类水晶头端接，②六类非屏蔽模块端接，③六类屏蔽模块端接，④超五类配线架端接，⑤六类配线架端接。

课堂作业

观看超五类、六类双绞线微课视频后写出各视频的操作步骤。
1）六类水晶头端接：
_____
_____
_____
_____
_____
_____

2）六类非屏蔽模块端接：

3）六类屏蔽模块端接：

4）超五类配线架端接：

_____
_____
_____
_____
_____
_____
_____
_____
_____
_____

5）六类配线架端接：

_____
_____
_____
_____
_____
_____
_____
_____
_____
_____

学习活动2　工程实施

实施准备

请正确选择施工需要用到的设备及工具并在表2-1的选项格中打"√"。

表2-1 施工设备及工具

工具	选项	工具	选项
网线钳		剥线器	
超五类双绞线		六类双绞线	
RJ-45模块		打线钳	
酒精		五对打线钳	
垃圾筒		油性记号笔	

（续）

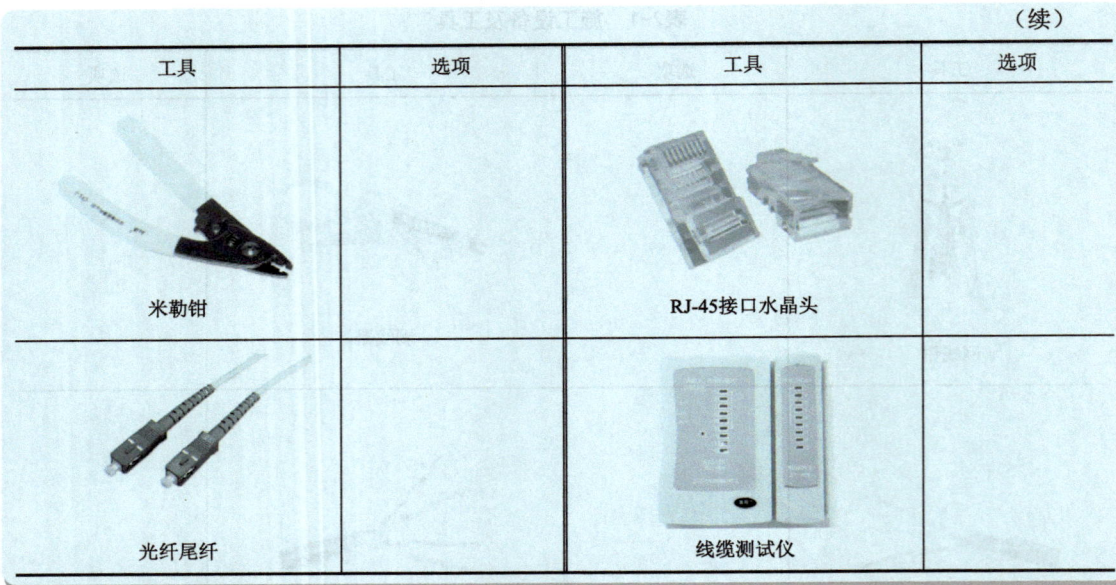

工具	选项	工具	选项
米勒钳		RJ-45接口水晶头	
光纤尾纤		线缆测试仪	

学习过程

工作实施过程见表2-2。

表2-2　工作实施过程

队长	
队员	
工作实施要求	

1）完成水平干线各2条超五类和六类双绞线的敷设（走桥架，并且固定，加标签）
2）完成电信设备间双绞线配线架的安装（安装开放式机架24U和28U）
3）完成双绞线接续盒到1F的接续
4）完成双绞线配线架1F的端接工作
5）线缆敷设和端接过程中，注意做好标签标记（线缆、端口、设备、主干线缆）
6）完成敷设和接续之后使用测线仪进行验证测试
7）撰写施工流程报告
8）完成小组工作评价表

小组工作任务实施分工表	
姓名	本次任务中承担的工作
	填写施工工具、设备材料清单
	领取施工工具、设备材料
	铺设各2条双绞线（建议至少两人），注意施工要求
	安装24口双绞线配线架
	线缆端接（建议每个成员都有机会进行端接）
	测试跳线
	测试连通性
	撰写施工流程报告
	完成小组工作评价表（团队成员全部参加，计算成绩）

学习活动3　工程验收

学习目标

1）展示工作成果，进行布线验收。
2）学习活动考核评价。

学习过程

1. 总结

请同学们以小组为单位，总结施工过程中的工作流程。见表2-3。

表2-3　工作流程

1	
2	
3	
4	
5	
6	
7	
8	
9	
10	
11	

组别：　　　　　　　姓名：　　　　　（团队成员签名）

2. 整理

将现场物品进行分类摆放，归还剩余的材料和工作设备，切断工作台电源，整理现场，使之符合生产现场管理6S标准。

3. 自我评价

以小组为单位，进行自我评价。工程实施考核评价见表2-4。

表2-4　工程实施考核评价

序号	内容	技术点	评分标准	分值	得分
1	线缆管理	正确管理	正确使用理线环、桥架等，每项1分	2	
			线缆弯曲半径符合要求。2分	2	
		正确的线缆末端	线缆余长处理得较好。2分	2	
			所有线缆都进入指定设备。2分	2	
		标签	线缆、配线架都有标签，且标签制作符合工业标准。每少一个扣0.2分，错误一处扣0.1分	1	
		缆线被完全固定	正确的线缆固定间隔。1分，少一个扣0.2分	1	
2	配线架安装	正确安装	安装稳固，没有缺少螺钉，每个1分	5	
3	线缆端接	线缆端接	外皮端口平齐，固定牢固，入口设计正确，正确处理冗余。（不正确一个扣2分）	10	
		端接要求	剥线时是否把芯线剪破或剪断；双绞线颜色与RJ-45接口水晶头接线标准是否相符，线是否插到底；双绞线外皮是否已插入水晶头后端，并被水晶头后端夹住。错一项扣5分	20	
		线缆整理	弯曲半径符合要求，整理符合要求	20	
4	工具及设备	工具要求	爱护工具及设备	10	
5	功能	验证测试	测试时要仔细观察测试仪两端指示灯的对应关系是否正确	10	
6	过程	过程正确	选手有时间观念，时间规划合理，团队合作紧密，工作流程专业（例如：布线方法正确，工作期间不与游客交谈，不打、不接听电话，不踩踏线缆，能对机柜、桥架、配线架进行清洁，不使用未经授权的工具，工作台干净整洁，操作方法正确等），每出现一次不合格点扣1分	10	
7	安全评价	安全性	做好劳动保护（戴护目镜2分），保持工作场所清洁（2分）	5	
8	总分			100	

队长：　　　　　　　　　成员姓名：　　　　　　　　　日期：

学习任务3　跨楼层网络布线实施

 **学习目标**

1）能够识读跨楼层网络综合布线实施施工图。
2）能够正确选取本任务所需网络设备。
3）能够正确选取本任务所需的常用工具。
4）能够正确选取本任务所需的材料。
5）会正确进行光缆开缆。
6）会进行光纤熔接、盘纤（色谱）。
7）能完成光纤配线架端接。
8）能正确制作标签。
9）会使用网络测试仪测试线缆连通性。

 建议学时

20学时。

 工作情境描述

某企业办公楼楼层高2.8m，为实现2～3层各办公室的数据传输，要求搭建一条通道，并在2层和3层增设管理间，使2～3层办公室内计算机成为一个整体网络。业务主管已经完成施工方案，现在需要网络管理员按作业要求进行综合布线施工。

 工作流程与活动

1）获取任务。
2）制订计划。
3）工程实施。
4）质量自检。
5）交付验收。

学习活动1　识读施工图

学习目标

1) 能够识读跨楼层网络综合布线实施施工图。
2) 能够认识室内光缆、室外光缆、单模光纤、多模光纤、光纤配线架、尾纤、光纤跳线、热缩套管等设备材料，并会使用开缆刀、米勒钳等工具。
3) 识别光纤色谱。
4) 使用光纤熔接机进行光纤熔接。
5) 使用光纤配线架对光纤进行盘纤处理。
6) 正确使用网络测试设备。
7) 能做好安全防护措施。

学习过程

识读施工图

1) 施工结构见图3-1。

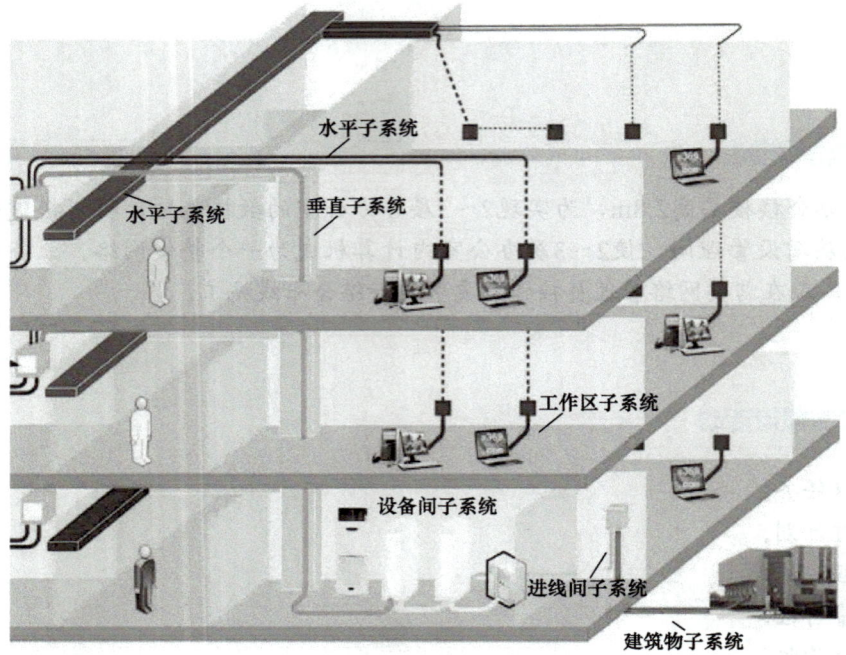

图3-1　施工结构

2）室内光缆布线见图3-2，光纤接线见图3-3。

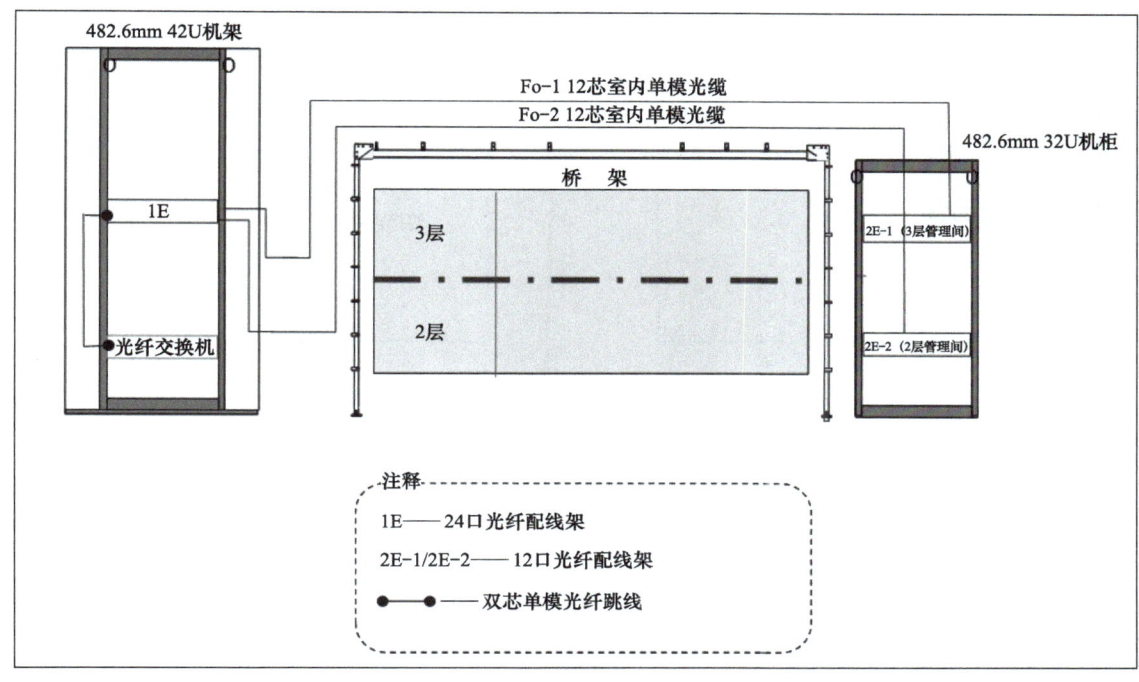

图3-2 室内光缆布线图

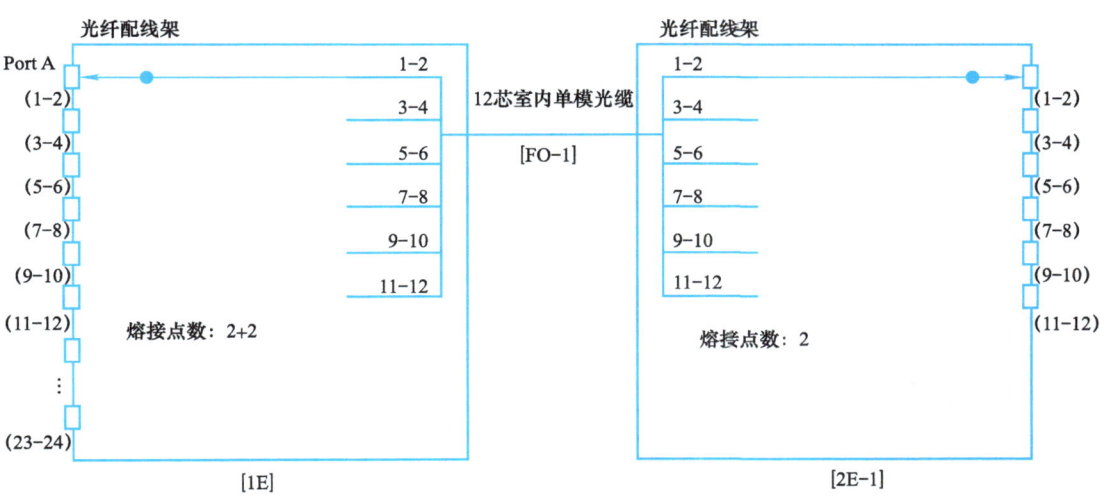

a）

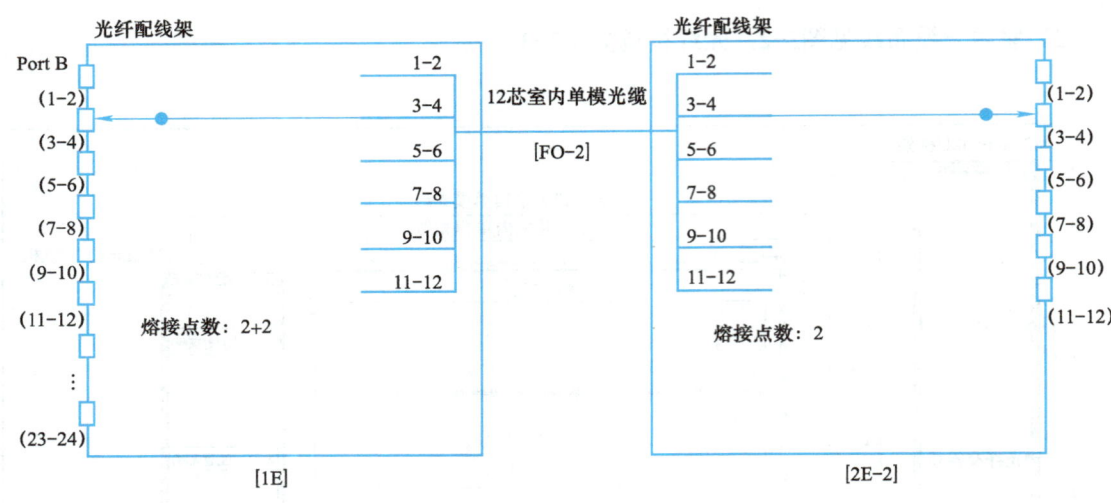

b)

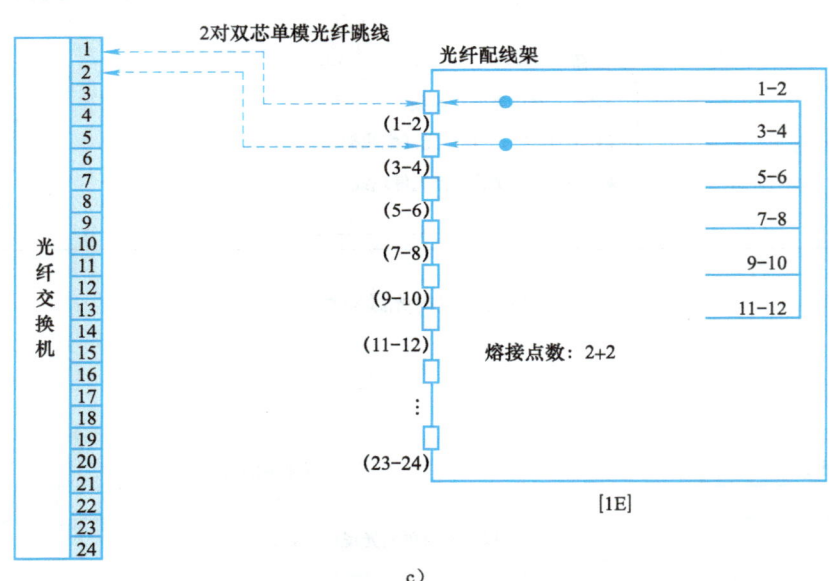

c)

图3-3 光纤接续

3）熟知英文缩写的意义。

CD——建筑群子系统；BD——建筑物子系统；FD——管理间子系统；CP——配线子系统；TO——工作区子系统。

4）垂直布线子系统。

📖 查询与收集：

请查阅相关资料，写出垂直布线子系统的定义。

5）光纤。

📖 查询与收集：

①请查阅相关资料，写出光纤的定义及分类。

②什么是光纤的折射、反射、全反射。

③写出单模光纤和多模光纤的区别。

④写出光纤损耗的定义

⑤写出光纤宽带的定义

小知识

（1）光纤　　光纤是光导纤维的简称，是一种由玻璃或塑料制成的纤维，可作为光传导工具。传输原理是光的全反射。

（2）光纤与光缆的区别　　光纤在使用前必须由几层保护结构包覆，包覆后的缆线即被称为光缆。光纤外层的保护层和绝缘层可防止周围环境对光纤的伤害，如水、火、电击等。光缆包括光纤、缓冲层及被覆。

（3）光缆内松套管中光纤色谱识别　　一般来说，室外光缆由多个松套管组成，每个松套管内有4～12根光纤，由12根光纤组成的松套管一般按全色谱存储，全色谱顺序为蓝、橙、绿、棕、灰、白、红、黑、黄、紫、粉红、青绿，多个松套管的颜色也是按全色谱顺序存储的，如一个松套管内不足12芯时，则按全色谱顺序截取，可以把室内光缆看成是室外光缆的一个松套管。

（4）光纤衰减　　造成光纤衰减的主要因素有：本征、弯曲、挤压、杂质、不均匀和对接等。

①本征是光纤的固有损耗，包括：瑞利散射，固有吸收等。②弯曲：光纤弯曲时部分光纤内的光会因散射而损失掉，造成损耗。③挤压：光纤受到挤压时产生微小的弯曲而造成损耗。④杂质：光纤内杂质吸收和散射在光纤中传播的光，造成损耗。⑤不均匀：光纤材料的折射率不均匀造成损耗。⑥对接：光纤对接时产生损耗。如：不同轴（单模光纤同轴度要求小于$0.8\mu m$），端面与轴心不垂直，端面不平，对接心径不匹配和熔接质量差等。⑦人为衰减：在实际工作中，有时也有必要进行人为的光纤衰减，如用于光通信系统中的光功率性能调试，光纤仪表的定标、校正，光纤衰减器。

知识小结1

光纤熔接的步骤：
1）挑选光纤熔接需要的工具。
2）把光纤固定到相应位置。
3）光缆开缆（约剥1m长）。
4）清洁光纤。
5）光纤熔接。
6）光纤盘纤。

知识小结2

光纤熔机的使用方法：
1）工具：熔接机、切割刀、光缆、米勒钳、酒精、无尘纸、热缩套管。
2）放电校正。
3）确认你所熔接的光纤类型和需要加热的热缩套管类型。
4）制备光纤：放置热缩套管，用光纤米勒钳剥除一段4cm长的裸光纤，用酒精棉清洁干净，然后用光纤切割刀进行切割，切割长度按照热缩套管类型来确定。切割刀上面有尺寸刻度，注意保持切割端面垂直状态。
5）熔接：光纤切好后，把光纤放入光纤熔接机内。光纤需放在V形槽端面直线与电极棒中心直线1/2处的位置。
6）放好光纤压板，盖上防风盖，按"Start"键，开始熔接。
7）熔接完成，把光纤的熔接部位放在热缩套管的正中央。注意不要让光纤弯曲，拉紧，压放入加热槽。
8）盖上盖，按"HEAT"键，指示灯亮起，加热完成，机器发出提示音，拿出冷却，一个完整的熔接过程就完成了。
9）整理：整理好工具，把其放到指定的位置；收拾垃圾，收拾时候注意碎小的光纤碎屑。

学习活动2 工程实施

实施准备

请正确选择施工需要用到的设备及工具、材料，并在表3-1的选项格中打"√"。

表 3-1

工具	选项	工具	选项
无尘纸		手电钻	
室内光缆		室外光缆	
切割刀		热缩套管	
酒精		光纤熔接机	
垃圾筒		油性记号笔	

(续)

工具	选项	工具	选项
 米勒钳		 光纤测试仪	
 卷尺		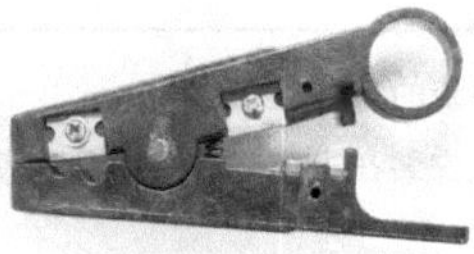 剥线器	
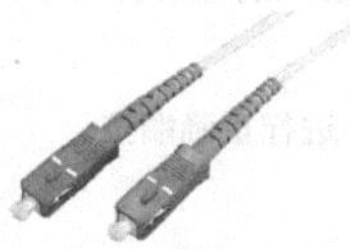 光纤尾纤		 光纤耦合器	
 24口光纤终端盒		 线缆测试仪	
 落地42U机架		 挂壁式16U机柜	
 卡扣和螺钉		 光纤开缆刀	

学习任务 3　跨楼层网络布线实施

学习过程

工作实施过程见表3-2。

表3-2 工作实施过程

队长	
队员	

工作实施要求

1)完成2层、3层楼的垂直子系统的布线施工。

2)2层楼、3层楼管理间子系统安装在电缆竖井中,分别使用1个24口光纤配线架在1个42U网络机柜上,模拟上下楼层的管理间进行安装。

3)2层楼、3层楼的管理间子系统采用1条室内光缆进行端接。

4)垂直线缆敷设完成后,使用尼龙扎带和魔术扎带对线缆进行绑扎,绑扎间距应不大于50cm(合理绑扎),在经过的理线环处采用同样绑扎方法。

5)管理间、设备间的机架、机柜中,在自己认为合适的高度上分别安装24口光线配线架,并进行正确端接。

6)线缆敷设和端接过程中,注意做好(线缆、端口、设备、主干线缆)的标签标记。

7)使用线缆测试设备测试线路连通性。

8)撰写施工流程报告。

9)完成小组工作评价表。

小组工作任务实施分工表

姓名	本次任务中承担的工作
	填写施工工具、设备材料清单
	领取施工工具、设备材料
	铺设1条室内光缆(建议至少两人),注意施工要求
	安装24口光纤配线架
	线缆端接(建议每个成员都有机会进行端接)
	光纤盘纤
	测试连通性
	撰写施工流程报告
	完成小组工作评价表(团队成员全部参加,计算成绩)

学习活动3 工程验收

学习目标

1）展示工作成果，进行布线验收。
2）学习活动考核评价。

学习过程

1. 总结

请同学们以小组为单位，总结施工过程中的工作流程。见表3-3。

表3-3 施工流程

1	
2	
3	
4	
5	
6	
7	
8	
9	
10	
11	

组别：　　　　　　姓名：　　　　　　（团队成员签名）

2. 整理

将现场物品进行分类摆放，归还剩余的材料和工作设备，切断工作台电源，整理现场，使之符合生产现场管理6S标准。

3. 评价

以小组为单位进行自我评价。工程实施考核评价见表3-4。

表3-4 工程实施考核评价

序号	内容	技术点	评分标准	分值	得分
1	线缆管理	正确管理	正确使用理线环等,每个2分	2	
			线缆弯曲半径符合要求	2	
		正确的线缆末端	线缆余长处理得较好。2分	2	
			所有线缆都进入指定设备。2分	2	
		标签	线缆、配线架都有标签,且标签制作符合工业标准、每少一个扣0.2分,错误一处扣0.1分	1	
		缆线被完全固定	正确的线缆固定间隔,1分,少一个扣0.2分	1	
2	配线架安装	正确安装	安装稳固,不缺少螺钉,每个1分	5	
3	线缆端接	线缆端接	外皮端口平齐,固定牢固,入口设计正确,正确处理冗余。(不正确一个扣2分)	10	
		熔接要求	熔接损耗值达到要求,热缩套管完全加热及完全保护纤芯,无喇叭口和偏心	20	
		光纤整理	弯曲半径符合要求,盘纤符合要求	20	
4	工具及设备	工具要求	爱护工具及设备	10	
5	功能	验证测试	可视光测试结果是连通状态	10	
6	过程	过程正确	选手有时间观念,时间规划合理,团队合作紧密,工作流程专业(例如,布线方法正确,工作期间不与游客交谈,不打、不接听电话,不踩踏线缆,能对机柜、配线架进行清洁,不使用未经授权的工具,工作台干净整洁,操作方法正确等),每出现一次不合格点扣除1分	10	
7	安全评价	安全性	做好劳动保护(戴护目镜2分),保持工作场所清洁(2分)	5	
8	总分			100	

队长:　　　　　　成员姓名:　　　　　　日期:

学习任务4　建筑群网络综合布线实施

学习目标

1）能够识读建筑群网络综合布线实施施工图。
2）能够正确选取本任务所需的网络设备。
3）能够正确选取本任务所需的常用工具。
4）能够正确选取本任务所需的材料。
5）能利用不同的光接续盒实现光缆的接续。
6）会进行光纤熔接、盘纤。
7）能正确制作标签。
8）会使用光功率计和测试设备对链路故障进行分析和排除。

建议学时

20学时。

工作情境描述

　　某企业有两栋办公楼，按网络综合布线方案规划，中心机房设在第一栋，第二栋配置若干配线间，现要求网络管理员按标准完成综合布线施工。
　　网络管理员从业务主管处领取任务单，明确工作时间和要求；根据相关图样，查看施工现场，编制信息点数统计表，检查设备和材料，准备工具；根据施工方案进行施工，熔接光纤、敷设管道、端接线缆等；完成布线后，选择合适的测试工具，完成布线系统的连通性、功能性的测试，规范性的检查，并填写施工记录交业务主管。

工作流程与活动

1）获取任务。
2）制订计划。
3）工程实施。
4）质量自检。
5）交付验收。

学习活动1　识读施工图

学习目标

1）能够识读建筑群网络综合布线实施施工图。

2）能够认识室外光缆、光纤接续盒、光纤配线架、尾纤、光纤跳线、热缩套管等设备材料，并会使用开缆刀、米勒钳等工具。

3）能根据实施方案和图样，按照《综合布线系统工程设计规范》《国际综合布线标准》等标准和规范要求，正确使用布线工具，在规定的时间内完成建筑群网络综合布线施工。

4）能根据实施方案和图样，选择合适的测试工具，按照《综合布线系统工程验收规范》要求进行建筑群网络综合布线项目的验收。

5）能总结综合布线建筑群子系统的特性。

6）能遵守职业道德，具有一定的环保意识和成本意识，养成爱护设备设施、节约用电用料和文明施工等良好的职业素养。

学习过程

1. 建筑群子系统

建筑群子系统：该子系统将一个建筑物的电缆延伸到建筑群的另外一些建筑物中的通信设备和装置上，是结构化布线系统的一部分，支持提供楼群之间通信所需的硬件。它由电缆、光缆和入楼处的过电流、过电压电气保护设备等相关硬件组成，常用介质是光缆。

建筑群子系统布线有以下3种方式：

1）地下管道敷设方式：在任何时候都可以敷设电缆，且电缆的敷设和扩充都十分方便，它能保持建筑物外貌与道路表面整洁，能提供最好的机械保护。它的缺点是要挖通沟道，成本比较高。

2）直埋沟内敷设方式：能保持建筑物与道路表面整洁，扩充和更换不方便，而且给线缆提供的机械保护不如地下管道敷设方式，初次投资成本比较低。

3）架空方式：如果建筑物之间本来有电线杆，则此种方式的投资成本是最低的，但它不能提供任何机械保护，因此安全性能较差，同时也会影响建筑物外观。

2. 光缆的编制方法和编码含义

一般光缆型号构成包括5大部分：分类代号、加强构件代号、结构特性代号、护套代号、外护层代号。

1）光缆的分类代号见表4-1。

表4-1　光缆的分类代号

代号	含义	代号	含义
GY	通信用室外光缆	GM	通信用移动式光缆
GJ	通信用室内光缆	GS	通信用设备内光缆
GH	通信用海底光缆	GT	通信用特殊光缆
GR	通信用软光缆		

2）光缆的加强构件代号见表4-2。

表4-2　光缆的加强构件代号

代号	含义	代号	含义
无	金属构件	F	非金属加强构件
G	金属重型加强构件	H	非金属重型加强构件

3）光缆的结构特性代号见表4-3。

表4-3　光缆的结构特性代号

代号	含义	代号	含义
无	层绞式结构	T	填充式结构
S	光纤松套被覆结构	B	扁平结构
J	光纤紧套被覆结构	Z	阻燃结构
D	光纤带结构	C	自承式结构
G	骨架槽结构	E	护层椭圆形状截面
X	中心管式结构		

4）光缆的护套代号见表4-4。

表4-4　光缆的护套代号

代号	含义	代号	含义
Y	聚乙烯护套	A	铝—聚乙烯粘结构护套（简称A护套）
V	聚氯乙烯护套	S	钢—聚乙烯粘结构护套（简称S护套）

5）光缆的外护层代号见表4-5。

外护层可分为两种，铠装层和外被层或外套，一般用数字表示。

表4-5　光缆的外护层代号

铠装层		外被层或外套	
代号	含义	代号	含义
0	无铠装层	1	纤维外被
3	细圆钢丝	3	聚乙烯套
5	皱纹钢带	4	聚乙烯套加覆尼龙套

3．识读施工图

1）光缆施工结构见图4-1。

图4-1 光缆施工结构

2) 光缆布线见图4-2, 光纤连接见图4-3。

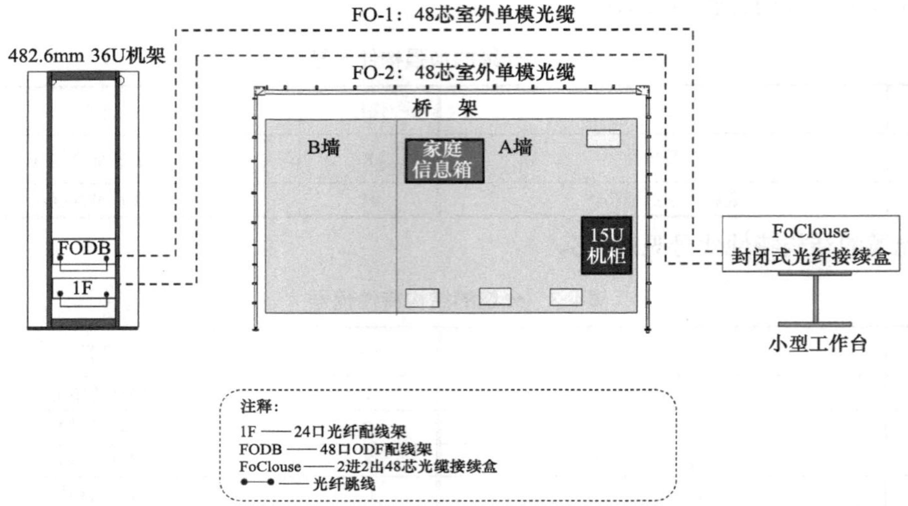

图4-2 光缆布线

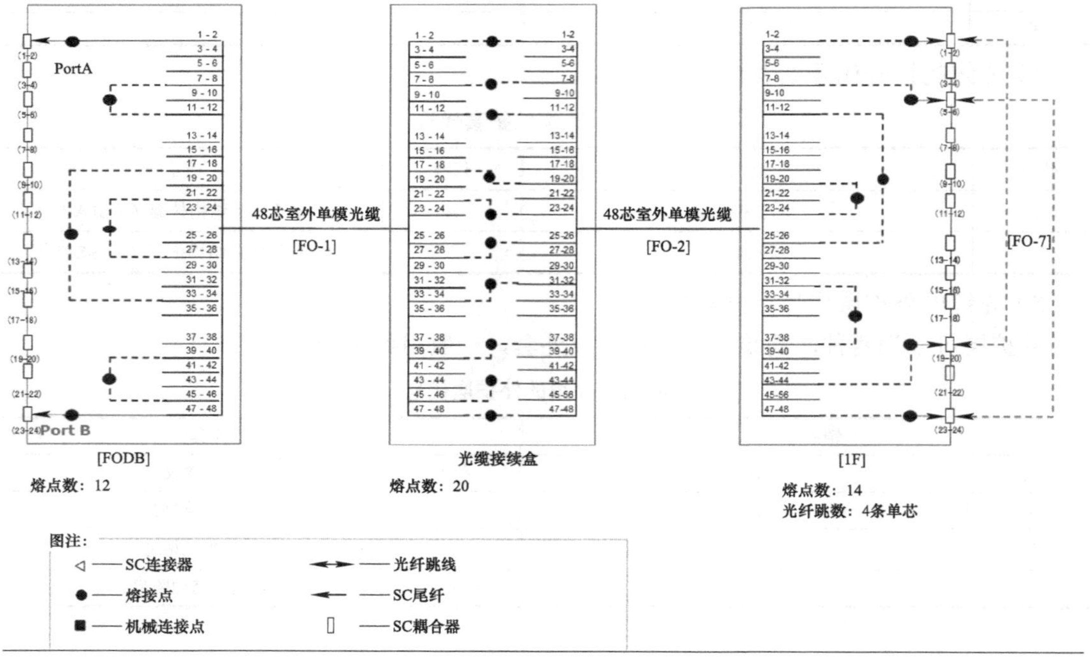

注释：
1F —— 24口光纤配线架
FODB —— 48口ODF配线架
FoClouse —— 2进2出48芯光缆接续盒
● —— 光纤跳线

[FODB] 熔点数: 12

光缆接续盒 熔点数: 20

[1F] 熔点数: 14
光纤跳数: 4条单芯

图注:
◁ —— SC连接器   ↔ —— 光纤跳线
● —— 熔接点   ← —— SC尾纤
■ —— 机械连接点   □ —— SC耦合器

图4-3 光纤连接

📖 **查询与收集：**

1）请网上查阅相关资料，写出与布线施工光缆有关的产品。

_____
_____
_____
_____
_____
_____
_____

2）请查阅《GB 50311—2016综合布线系统工程设计规范》和《GB 50312—2017综合布线系统验收标准》，写出有关光缆施工和验收的要求。

_____
_____
_____
_____
_____
_____
_____
_____
_____
_____

🎓 **小知识**

> 光缆在敷设及接续完成后要进行验收，验收分为两步：验证测试和认证测试。验证测试是最简单的初步预验收，验证测试并不测试电缆的电气指标，可以使用简单的红光笔进行通光测试，一般来说，在光纤接续正确的情况下，验证测试都能够通过。
>
> 在验证测试通过之后，为保证光纤通信的质量，必须进行认证测试，此时需要使用专业的工具按供需双方协定的标准进行验收。常用的光纤测试设备有：光功率计、稳定光源、光万用表、光时域反射仪（OTDR）和光故障定位仪，一般用OTDR进行验收。

📖 **查询与收集：**

线缆认证分析仪有哪些？光纤认证测试的主要标准是什么？

_____
_____

_____
_____
_____
_____
_____
_____

小知识（观看视频资料）

光缆接续盒：

光缆接续盒，又称光缆接续包、光缆接头包和炮筒通俗称为光缆接头盒。属于机械压力密封接头系统，是相邻光缆间提供光学、密封和机械强度连续性的接续保护装置。主要适用于各种结构光缆的架空、管道、直埋等敷设方式的直通和分支连接。盒体采用进口增强塑料，强度高、耐腐蚀，终端盒适用于结构光缆的终端机房内的接续，结构成熟、密封可靠、施工方便。光缆接续盒广泛用于通信、网络系统，CATV有线电视、光缆网络系统等，外观上有卧式和立式之分。

学习活动2　工程实施

学习目标

1）能够选择正确的设备和材料。
2）能够选择正确的工具。
3）能使用光纤熔接机进行光纤熔接。
4）能区分不同的光缆接续设备。
5）能处理光纤接续盒、光纤配线架，能按标准进行盘纤处理。
6）会正确使用OTDR。
7）能做好安全防护措施。

学习过程

1. 盘纤

盘纤是一门技术，也是一门艺术。科学的盘纤方法，可使光纤布局合理、附加损耗小、经得住时间和恶劣环境的考验，可避免挤压造成的断纤现象发生。

（1）盘纤规则

1）以松套管或光缆分支方向为单位进行盘纤，前者适用于所有的接续工程；后者仅适用于主干光缆末端,且为一进多出。分支多为小对数光缆。该规则是每熔接和热缩完一个或几个松套管内的光纤或一个分支方向光缆内的光纤后,盘纤一次。优点:避免了光纤松套管间或不同分支光缆间光纤的混乱,使之布局合理,易盘、易拆,更便于日后维护。

2)以预留盘中热缩管安放单元为单位进行盘纤,此规则是根据接续盒内预留盘中某一小安放区域内能够安放的热缩管数目进行盘纤。例如GLE型桶式接续盒,在实际操作中每6芯为一盘,极为方便。优点:避免了由于安放位置不同而造成的同一束光纤参差不齐、难以盘纤和固定,甚至出现急弯、小圈等现象。

3)特殊情况,如在接续中出现光分路器、上/下路尾纤、尾缆等特殊器件时,要先熔接、热缩、盘绕普通光纤,再依次处理上述情况。为安全常另外进行盘纤操作,以防止挤压而引起附加损耗增加。

(2)盘纤的方法

1)先中间后两边,即先将热缩后的套管逐个放置于固定槽中,然后再处理两侧余纤。优点:有利于保护光纤接点,避免盘纤可能造成的损害。在光纤预留盘空间小,光纤不易盘绕和固定时,常用此种方法。

2)以一端开始盘纤,即从一侧的光纤盘起,固定热缩管,然后再处理另一侧余纤。优点:可根据一侧余纤长度灵活选择铜管安放位置,方便、快捷,可避免出现急弯、小圈现象。

3)特殊情况的处理,如个别光纤过长或过短时,可将其放在最后单独盘绕;带有特殊光器件时,可将其另盘处理,若与普通光纤共盘时,应将其轻置于普通光纤之上,两者之间加缓冲衬垫,以防挤压造成断纤,且特殊光器件尾纤不可太长。

4)根据实际情况,采用多种图形盘纤。按余纤的长度和预留盘空间大小,顺势自然盘绕,切勿生拉硬拽,应灵活地采用圆、椭圆、"CC"、"～"多种图形盘纤(注:R≥4cm),尽可能最大限度利用预留盘空间和有效降低因盘纤带来的附加损耗。

2. 实施准备

(1)领取材料和工具　材料和工具见表4-6。

表4-6　材料和工具

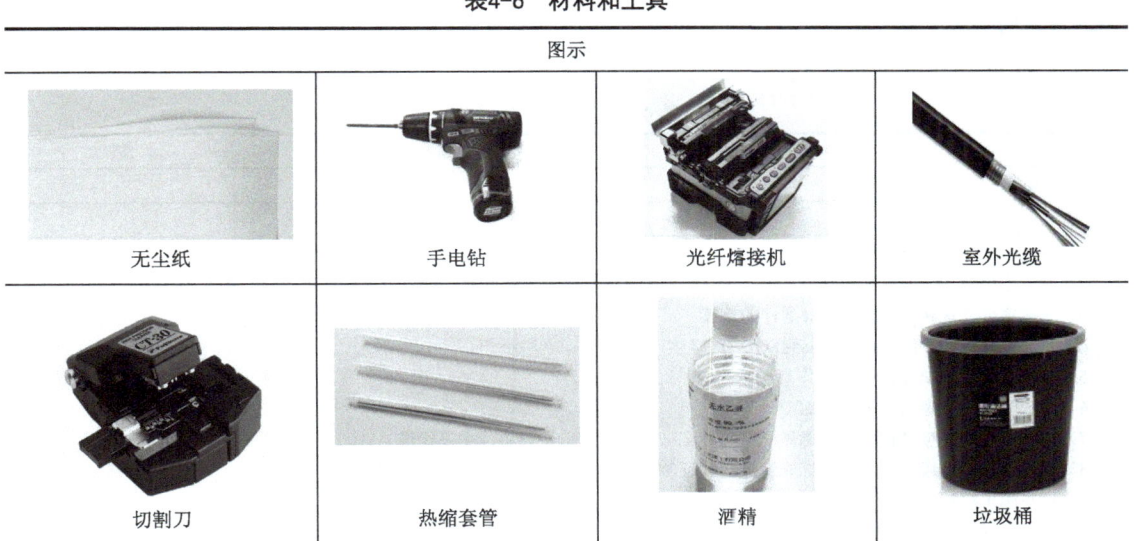

图示			
无尘纸	手电钻	光纤熔接机	室外光缆
切割刀	热缩套管	酒精	垃圾桶

（续）

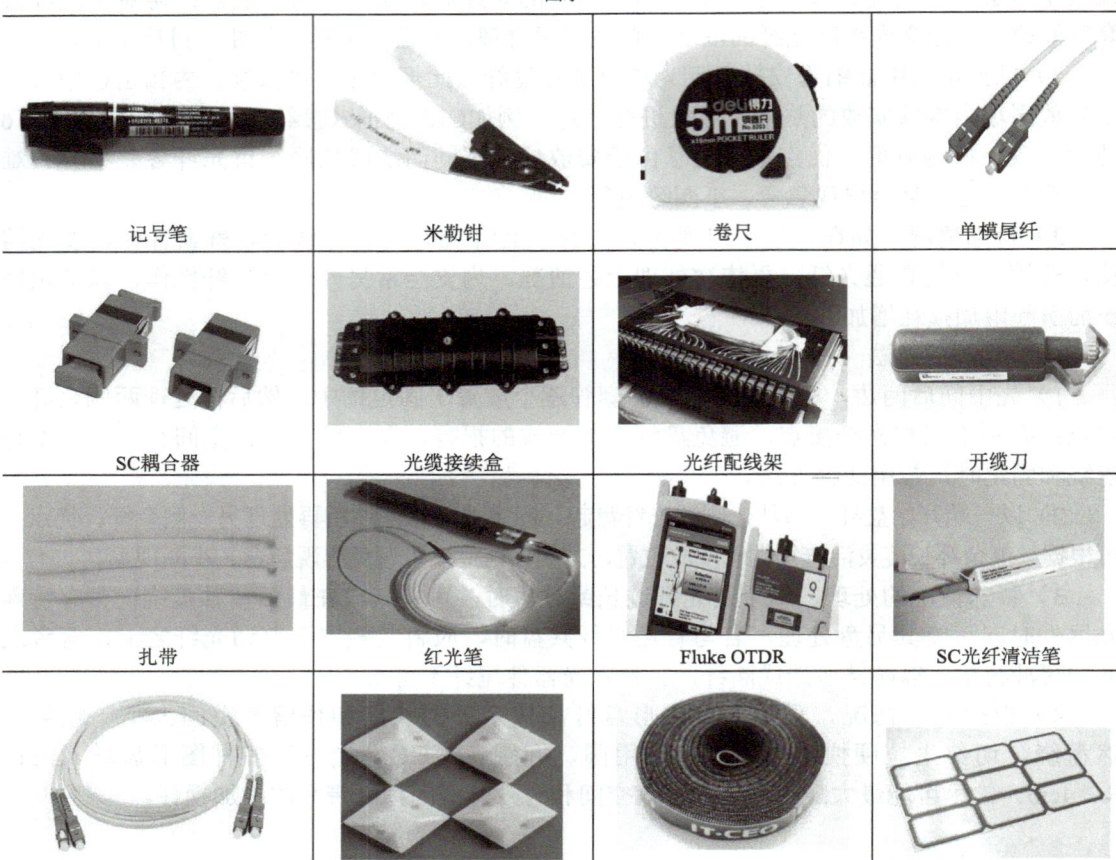

图示			
记号笔	米勒钳	卷尺	单模尾纤
SC耦合器	光缆接续盒	光纤配线架	开缆刀
扎带	红光笔	Fluke OTDR	SC光纤清洁笔
SC光纤跳线	固定贴座	魔术扎带	标签纸

学习过程

工作实施过程见表4-7。

表4-7　工作实施过程

队长	
队员	
工作实施要求	

1）完成水平干线两条光缆的敷设（走桥架，并且固定，加标签）
2）完成电信设备间光纤配线架FODB、1F的安装（安装与开放式机架24U和28U）
3）完成室外光缆接续盒FoClouse到1F的接续
4）完成室外光缆接续盒FoClouse到FODB的接续
5）完成光纤配线架1F的熔接工作
6）完成光纤配线架FODB的熔接工作
7）线缆敷设和端接过程中，注意做好标签标记（线缆、端口、设备、主干线缆）
8）完成敷设和接续之后，使用红光笔进行验证测试（通光）
9）撰写施工流程报告
10）完成小组工作评价表

小组工作任务实施分工表

姓名	本次任务中承担的工作
	填写施工工具、设备材料清单
	领取施工工具、设备材料
	铺设两条室外48芯光缆（建议两人以上），注意施工要求
	安装光纤配线架1F、FODB、FoClouse
	完成光纤配线架1F的熔接（至少两人以上）
	完成光纤配线架FODB的熔接（至少两人以上）
	完成FoClouse和1F、FODB的接续（不少于三人）
	填写光纤接续表
	通光测试（验证测试，要求全组参与）
	撰写施工流程报告
	完成小组工作评价表（团队成员全部参加，计算成绩）

学习活动3　工程验收

学习目标

1）展示工作成果，进行布线验收。
2）学习活动考核评价。

学习过程

一、综合布线系统验收内容

1. 环境检查

环境检查是指对管理间、设备间、工作区的建筑和环境条件进行检查。

检查内容：

1）管理间、设备间、工作区土建工程是否已全部竣工；房屋地面是否平整、光洁，门的高度和宽度是否妨碍设备和器材的搬运；门锁和钥匙是否齐全。

2）房屋预埋地槽、暗管及孔洞和竖井的位置、数量、尺寸是否均符合设计要求。

3）铺设活动地板的场所，活动地板防静电措施中的接地是否符合设计要求。

4）管理间、设备间是否提供了220V单相带地电源插座。

5）管理间、设备间是否提供了可靠的接地装置，设置接地体时，检查接地电阻值及接地装置是否符合设计要求。

6）管理间、设备间的面积、通风及环境温度、湿度是否符合设计要求。

2. 器材检查

器材检查主要指对各种布线材料的检查,包括各种缆线、接插件、管材及辅助配件。

(1) 器件的检查要求

1) 对于工程所用缆线器材的型号、规格、数量、质量在施工前应进行检查,无出厂检验证明的材料不得在工程中使用。

2) 经检查的器材应做好记录,对不合格的器件应单独存放,以备核查与处理。

3) 工程中使用的缆线、器材应与订货合同的要求相符,或与封存的产品在规格、型号、等级上相符。

4) 备品、备件及各类资料应齐全。

(2) 型材、管材与铁件的检查要求

1) 各种型材的材质、规格、型号应符合设计文件的规定,表面应光滑、平整,不得变形、断裂。

2) 管材采用钢管、硬质聚氯乙烯管时,其管身应光滑、无伤痕,管孔无变形,孔径、壁厚应符合设计要求。

3) 管道采用水泥管时,应按通信管道工程施工及验收中的相关规定进行检查。

4) 各种铁件的材质、规格均应符合质量标准,不得有歪斜、扭曲、飞边、断裂或破损等现象。

5) 铁件的表面处理和镀层应均匀、完整,表面光洁,无脱落、气泡等缺陷。

(3) 缆线的检查要求

1) 工程使用的双绞线电缆和光缆的类型、规格应符合设计规定和合同要求。

2) 电缆所附标志、标签的内容应齐全、清晰。

3) 电缆外护线套需完整无损,电缆应附有出厂质量检验合格证。

4) 电缆的电气性能抽验应从本批量电缆中的任意3盘中各截出100m的长度,并对工程中所选用的接插件进行抽样测试,做好测试记录。

5) 光缆开盘后应先检查光缆外表有无损伤,光缆端头封装是否良好。

6) 综合布线系统工程采用光缆时,应检查光缆合格证及其检验测试数据。

7) 检查光纤接插软线(光跳线)时应符合下列规定:

① 光纤接插软线两端的活动连接器(活接头)端面应装配有合适的保护盖帽。

② 每根光纤接插软线中光纤的类型应有明显的标记,选用光纤接插软线时应符合设计要求。

(4) 接插件的检查要求

1) 配线模块和信息插座及其他接插件的部件应完整,塑料材质接插件应满足设计要求。

2) 保安单元过电压、过电流保护的各项指标应符合有关规定。

3) 光纤插座的连接器的使用形式、数量和位置应与设计相符。

(5) 配线设备的使用规定

1) 光缆、电缆交接设备的型号、规格应符合设计要求。

2) 光缆、电缆交接设备的编排及标志名称应与设计相符。各类标志应统一,标志位置正确、清晰。

3. 设备安装检查

（1）机柜、机架的安装要求

1）机柜、机架安装完毕后，垂直偏差度应不大于3mm。机柜、机架安装位置应符合设计要求。

2）机柜、机架上的各种零件不得脱落或碰坏，漆面如有脱落应予以补漆，各种标志应完整、清晰。

3）机柜、机架的安装应牢固，如有抗震要求时，应按施工图的抗震设计进行加固。

（2）各类配线部件的安装要求

1）各部件应完整，安装到位，标志齐全。

2）螺钉必须拧紧，面板应保持在一个平面上。

（3）8位模块式通用插座的安装要求

1）应将其安装在活动地板或地面上，且固定在接线盒内，插座面板采用直立和水平等形式；接线盒盖可开启，并应具有防水、防尘、抗压功能。接线盒盖面应与地面齐平。

2）8位模块式通用插座、多用户信息插座或集合点配线模块的安装位置应符合设计要求。

二、总结工作流程

请同学们以小组为单位，总结施工过程中的工作流程，见表4-8。

表4-8　工作流程

1	
2	
3	
4	
5	
6	
7	
8	
9	
10	
11	

组别：　　　　　　姓名：　　　　　　　　　　（团队成员签名）

三、整理

将现场物品进行分类摆放，归还剩余材料和工作设备，切断工作台电源，整理现场，使之符合生产现场管理8S标准。

四、自我介绍

以小组为单位,进行自我评价。工程实施考核评价见表4-9。

表4-9 工程实施考核评价

序号	内容	技术点	评分标准	分值	得分
1	线缆管理 FO-1、FO-2	正确管理	正确使用理线环、桥架等,每个1分	2	
			线缆弯曲半径符合要求	2	
		正确线缆末端	线缆余长处理得较好。2分	2	
			所有线缆都进入指定设备。2分	2	
		标签	线缆、配线架都有标签,且标签制作符合工业标准。每少一个扣0.2分,错误一处扣0.1分	1	
		缆线被完全固定	正确的线缆固定间隔,1分。少一个扣0.2分	1	
2	1F、FODB、FoClouse安装	正确安装	安装稳固,没有缺少螺钉,每个1分	5	
3	线缆端接 1F、FODB、FoClouse	线缆端接	外皮端口平齐,固定牢固,入口设计正确,正确处理冗余。不正确一个扣2分	10	
		熔接要求	熔接损耗值达到要求,热缩套管完全加热及完全保护纤芯,无喇叭口和偏心	20	
		光纤整理	弯曲半径符合要求,盘纤符合要求	20	
4	工具及设备	工具要求	爱护工具及设备	10	
5	功能	验证测试	可视光测试结果是连通状态	10	
6	过程	过程正确	选手有时间观念,时间规划合理,团队合作紧密,工作流程专业(例如:布线方法正确,工作期间不与游客交谈,不打、不接听电话,不踩踏线缆,能对机柜、桥架、配线架进行清洁,不使用未经授权的工具,工作台干净整洁,操作方法正确等),每出现一次不合格点扣除1分	10	
7	安全评价	安全性	做好劳动保护(戴护目镜2分),保持工作场所清洁(2分)	5	
8	总分			100	

队长: 成员姓名: 日期: